ABHANDLUNGEN DER DEUTSCHEN AKADEMIE
DER WISSENSCHAFTEN ZU BERLIN

Klasse für Medizin

Jahrgang 1962, Nr. 2

R. MANNINGER

Kritische Bemerkungen zur Bakteriologie des Milzbrandes

J. WEISSFEILER

Beobachtungen über die Veränderlichkeit des Tuberkel-Bazillus

P. GÖMÖRI

Redistribution und Shifting des Blutes im Dienste der Homoeostase des Kreislaufes

Mit 29 Abbildungen,
davon 24 auf 7 Kunstdrucktafeln, und 4 Tabellen

AKADEMIE-VERLAG · BERLIN
1963

Vorgetragen in der Klassensitzung vom 23. November 1961

Zum Druck genehmigt am gleichen Tage, ausgegeben am 5. 1. 1963

Erschienen im Akademie-Verlag GmbH, Berlin W 8, Leipziger Straße 3—4

Lizenznummer: 202 · 100/802/63
Gesamtherstellung: Druckhaus „Maxim Gorki", Altenburg
Bestellnummer: 2001/62/IV/2 · ES 17 Q, 17 F 2 · Preis: DM 7,—

Inhaltsverzeichnis

Aus dem Institut für Seuchenlehre der Veterinärmedizin. Hochschule Budapest (Vorstand: Prof. Dr. R. MANNINGER)

Kritische Bemerkungen zur Bakteriologie des Milzbrandes[1]

R. MANNINGER, Budapest
Ordentliches Mitglied der Ungarischen Akademie der Wissenschaften

Bacillus anthracis, der Erreger des Milzbrandes, galt jahrzehntelang als eine sogenannte „gute Art", obgleich schon seit langem bekannt war, daß er morphologisch mancherlei mit verschiedenen anderen aeroben Sporenbildnern gemein hat. Deswegen wurden auch derartige Bazillenstämme ähnlich benannt, so die einer und derselben Bakterienart angehörenden Stämme: Bacillus anthracoides (HÜPPE und WOOD, 1889), Bacillus pseudoanthracis (WAHRLICH, 1890/91) und Bacillus anthracis similis (MCFARLAND, 1898).

Aber schon 1934 hielt es PATOČKA nicht für ausgeschlossen, daß der Bacillus anthracis eigentlich eine pathogene Abart von ähnlichen Saprophyten sein könnte. Auf diese Möglichkeit wurde aber erst dann die Aufmerksamkeit gelenkt und dadurch Verwirrung angestiftet, als SMITH, GORDON und CLARK 1946 und 1952 in ihrer sonst sehr lehrreichen Monographie über aerobe Sporenbilder der Ansicht Ausdruck verliehen, daß es sich bei dem Bacillus anthracis eigentlich um eine pathogene Abart des Bacillus cereus (FRANKLAND und FRANKLAND, 1887) handele. Obwohl sie bei ihren Untersuchungen nur auf die Prüfung morphologischer Einzelheiten und Stoffwechselreaktionen eingingen, glaubten sie hinsichtlich der Taxonomie des Bacillus anthracis doch vorschlagen zu dürfen, diesen Keim als *Bacillus cereus var. anthracis* zu bezeichnen. Sie meinten, außer der Pathogenität sei die Unbeweglichkeit des Bacillus anthracis das einzige Merkmal, durch das er sich vom Bacillus cereus unterscheide. Sie gaben aber selbst zu, daß zur Frage der Pathogenität noch weitere Untersuchungen notwendig seien, und warfen selber die Frage auf, worauf später CHU mit Nachdruck hinwies, was taxonomisch mit einem avirulent gewordenen Bacillus anthracis anzufangen sei: mit anderen Worten, ob er sich nicht aus einem Bacillus cereus var. anthracis in einen typischen Bacillus cereus verwandelt habe?

Die Ansicht von SMITH und seinen Mitarbeitern hat großes Aufsehen erweckt und viele Forscher zur Durchführung experimenteller Arbeiten angeregt. Manche von ihnen, wie SEIDEL sowie BROWN, MOODY, TREECE und SMITH, haben sich der Ansicht von SMITH und seinen Mitarbeitern angeschlossen, und dies um so mehr, als es sich gezeigt hat, daß man durch subkutane Einverleibung von großen Mengen vegetativer Keime von Cereusstämmen Laboratoriumsnager, besonders Mäuse, töten kann, wobei angeblich dem Milzbrand ähnliche Sektionsbefunde zutage treten sollen. Andere Forscher haben sich der Ansicht von SMITH und seinen Mitarbeitern zwar nicht angeschlossen und diese Ansicht sogar bestritten, in serologischer Hinsicht jedoch immerhin eine Verwandtschaft zwischen Bacillus anthracis und Bacillus cereus angenommen, so auch CHU, TOMCSIK und BAUMANN-GRACE sowie IVÁNOVICS und FÖLDES. Nur meine Mitarbeiter PESTI und neuerdings YIN FEN-KE haben auch eine serologische Verwandtschaft zwischen Bacillus anthracis und Bacillus cereus mit Entschiedenheit in Abrede gestellt. Es gelang ihnen nämlich, nachzuweisen, daß die angeblichen Stämme des Bacillus cereus, die serologisch dem Bacillus anthracis gewissermaßen ähnlich sind, nicht der Art Bacillus cereus, sondern einer von dieser verschiedenen Art, der Art Bacillus cylindrosporus, angehören.

---

[1] Nach einem Vortrag in der Klasse für Medizin der Deutschen Akademie der Wissenschaften zu Berlin am 23. November 1961.

Die durch die Stellungnahme von SMITH und seinen Mitarbeitern angeregten Untersuchungen mehrerer Forscher haben zur Ausarbeitung mancher Methoden (Prüfung auf Phagen- und Penicillinresistenz, Phosphatase- und Lecithinasebildung usw.) geführt, die sich zur Unterscheidung des Bacillus anthracis vom Bacillus cereus und anderen aeroben Sporenbildnern eignen.

Freilich waren diese Untersuchungen z. T. dadurch erschwert, daß sich in den Händen der Untersucher viele Milzbrandstämme, darunter Mutanten, befanden, deren „Vorgeschichte" unbekannt war, worauf schon BURDON aufmerksam gemacht hat.

Die Unstimmigkeiten der Literaturangaben lassen es als begründet erscheinen, die Ergebnisse der Arbeiten, die in meinem Institut in den letzten drei Jahrzehnten zur Erforschung des Bacillus anthracis ausgeführt worden sind, kurz zusammenzufassen und auf dieser Grundlage zu den einander widersprechenden Angaben der Literatur Stellung zu nehmen. In unserer Sammlung befinden sich nämlich außer einer reichlichen Menge von Saprophyten über hundert Milzbrandstämme, deren Geschichte uns von ihrer Reinzüchtung an bekannt ist und aus denen die Mutanten vor unseren Augen entstanden. An dieser Arbeit waren mehrere meiner Mitarbeiter beteiligt. Hier sei besonders der Arbeiten von BUZÁ, PESTI und YIN FEN-KE gedacht.

Was zunächst die Morphologie des Bacillus anthracis betrifft, so ist bei der mikroskopischen Untersuchung von Krankheitsmaterial der Nachweis einer Kapsel von entscheidender Bedeutung (Abb. 1). Es gibt keinen einzigen anderen Krankheitserreger, mit dem er verwechselt werden könnte. Das Vorhandensein der Kapsel unterscheidet ihn auch von den milzbrandähnlichen Saprophyten. Dabei läßt sich die Kapsel sehr leicht und am einfachsten schon durch die Färbung mit Toluidinblau nachweisen, eine Methode, die ich schon 1938 angegeben habe und auf die auch CHU (1952) aufmerksam gemacht hat.

Unmöglich ist es dagegen, in einfachen Agarkulturen den Baillus anthracis zu erkennen, da seine Kolonien jenen des Bacillus anthracoides, des Bacillus cereus und des Bacillus cylindrosporus täuschend ähnlich sehen. Es entstehen nämlich *auf Agar bei Luftzutritt Kolonien der Rauh- oder R-Form.* Ihr Rand ist bald aufgelockert, so daß sie ein medusenhauptähnliches Aussehen haben, bald ist er mehr geschlossen (Abb. 2), Formen, die auch bei den angeführten Saprophyten vorkommen. Bezeichnender ist das *Aussehen der Bouillonkulturen*, indem der Bacillus anthracis bodenständige, wattebauschähnliche Flöckchen bildet, während die genannten Keime eine diffuse Trübung bewirken, und wieder andere Saprophyten, darunter der Bacillus subtilis, ein Häutchen auf der Oberfläche erkennen lassen. Diese Merkmale reichen jedoch für eine sichere Diagnose nicht aus, zumal da im Schrifttum diesbezüglich irreführende Angaben vorliegen. So steht in dem allgemein benutzten *Manual of determinative Bacteriology* von BERGEY (IV. Aufl., 1948, S. 719) für den Bacillus anthracis: in Bouillon wenig oder keine Trübung, dicke Oberflächenhaut.

Auch die Morphologie der in Kulturen enthaltenen Bakterien erweist sich als ungenügend zur Artbestimmung. Der Bacillus anthracis wächst nämlich auf gewöhnlichem Agar und in gewöhnlicher Bouillon unbekapselt. Er besitzt wohl im Gegensatz zu den saprophytischen Keimen keine Geißeln und ist daher unbeweglich[1], doch gibt es Cereusstämme, denen die Beweglichkeit praktisch ebenfalls fehlt.

Anders verhält es sich, falls aus Milzbrandleichen die Bazillen in CO_2-haltiger Atmosphäre gezüchtet werden. Dann vermehren sich nämlich die vollvirulenten Milzbrandbazillen in glattrandigen schleimigen Kolonien und erzeugen eine Hämopepsis oder Hämodigestion, jedoch keine Hämolyse, während sämtliche uns bekannten Saprophyten mit Ausnahme des Bacillus megaterium und des Bacillus subtilis eine ausgesprochene Hämolyse verursachen.

[1] Anders lautende Angaben beruhen nach STERNE und PROOM auf Irrtümern. So erwiesen sich der von GRUEX-HOLZER und TOMCSIK isolierte bewegliche Keim als Bacillus megaterium, der von MANNINGER und NÓGRÁDI durch Transformation hervorgerufene Keim als Bacillus subtilis und die von BROWN, CHERRY, MOODY und GORDON durch Transduktion gewonnenen Keime teils als Bacillus subtilis, teils als Bacillus cereus.

Die Hämolyse dürfte, wie insbesondere McGanghey und Chu, Colmer sowie Toumanoff zeigten, mit der Produktion von Lecithinase einhergehen. Auch wir beobachteten, daß bei den hämolytisch wirksamen Arten: Bacillus anthracoides, Bacillus cereus und Bacillus cylindrosporus binnen 24 Stunden eine positive Lecithinase-Reaktion zustande kommt, während bei den hämolytisch unwirksamen oder nur eine Hämopepsis verursachenden Arten wie Bacillus megaterium, Bacillus anthracis und subtilis (s. weiter unten) eine Lecithinase-Reaktion überhaupt nicht oder nur sehr verspätet (nach 4—5 Tagen) und auch dann nur in sehr geringfügigem Maße zustande kommt.

Mit diesen zwei Eigenschaften, dem schleimigen Wachstum und der hämopeptischen Fähigkeit der vollvirulenten Milzbrandbazillen, haben wir uns grundsätzlich etwas ausführlicher zu beschäftigen. Bekanntlich haben Nungester, Sterne, Ivánovics u. a. nachgewiesen, daß virulente Milzbrandbazillen, falls sie in einer CO_2-haltigen Atmosphäre gezüchtet werden, nicht in Kolonien der Rauhform, sondern, wie bereits angedeutet, in Form von *schleimigen, feuchten und glänzenden Kolonien* zur Vermehrung gelangen, die praktisch aus bekapselten Bazillen bestehen. Das Vorhandensein von CO_2 ist nämlich eine notwendige Voraussetzung für die Bildung der pathogenen Form, d. h. der Nichtrauhform. Diese Form wollen wir als *M-Form* bezeichnen (Abb. 3, 4). Nach Angaben des Schrifttums gehören zur Anregung der Kapselbildungsfähigkeit am besten CO_2-Konzentrationen von 20—30%, doch genügt hierzu nach Buza bereits eine Atmosphäre, die nur 5 (also etwa ein der Ausatmungsluft entsprechendes) Volumprozent CO_2 enthält. Das ist, wie wir gleich sehen werden, außerordentlich wichtig, falls die hämopeptische Fähigkeit des Bacillus anthracis untersucht werden soll. (Auch die Zugabe von $NaHCO_3$ zu eiweißreichen Nährböden an Stelle von CO_2-Zusatz zur Luft gewährleistet nach Thorne, Gomez und Housewright die Kapselbildung, eine Methode, deren Leistungsfähigkeit ich jedoch mangels eigener Erfahrungen nicht beurteilen kann.)

Nun gibt es Saprophyten, die sich ebenfalls bekapselt in schleimigen Kolonien entwickeln, wobei besonders auf den Bacillus megaterium aufmerksam gemacht sei. Diese Arten lassen sich jedoch ohne weiteres vom Bacillus anthracis schon dadurch unterscheiden, daß sie auch ohne Gegenwart von CO_2 in bekapselter Form schleimige Kolonien bilden.

Mitbestimmend als Zeichen der Vollvirulenz des Bacillus anthracis ist neben der schleimigen Kolonieform seine hämopeptische Fähigkeit. Hierauf hat Buza aufmerksam gemacht. Unter *Hämopepsis oder Hämodigestion* verstehen wir im Sinne von van Loghem und Baertlein die Fähigkeit eines Bakteriums, Blutkörperchen so zu zerstören, daß dabei das Hämoglobin spektroskopisch nicht mehr nachzuweisen ist.

Vollvirulente Milzbrandbazillen besitzen nun diese hämopeptische Fähigkeit. Sie äußert sich darin, daß sich binnen etwa 24 Stunden, manchmal auch etwas später, *unter den Kolonien und ringsum, jedoch bloß unmittelbar neben ihrem Rande*, der Blutagarnährboden aufhellt, durchsichtig wird und eine grünlichgelbe Farbe annimmt. (Vermutlich hat auch Seidel dieses Phänomen beobachtet; er spricht nämlich von einer Vergrünung, und offenbar handelt es sich auch bei anderen Autoren, mit Ausnahme von Bekker, um eine Hämopepsis, wenn sie von einer geringfügigen oder verspäteten „Hämolyse" berichten.) Nun ist diese Hämopepsis ein sehr wertvolles Zeichen des Bacillus anthracis, denn die ihm ähnlichen Saprophyten verursachen entweder eine rasch, *binnen wenigen Stunden einsetzende Hämolyse mit einem breiten hämolytischen Hofe*, worin das Hämoglobin sich spektroskopisch nachweisen läßt (Bacillus anthracoides, Bacillus cereus und Bacillus cylindrosporus) oder greifen die Blutkörperchen überhaupt nicht an (Bacillus megaterium). Nur der Bacillus subtilis vermag eine Hämopepsis herbeizuführen, falls er unmittelbar nach seiner Reinzüchtung in der M-Form vorliegt.

Es sei nochmals betont, daß durch den Bacillus anthracis eine Hämolyse unter keinen Umständen verursacht wird, und so entsteht nach J. Kovács beim Milzbrand auch im Tierkörper keine Hämolyse.

Über die blutkörperchenzerstörende Wirkung des Bacillus anthracis ist viel geschrieben worden, wobei die Ansichten auseinandergehen. Manche bestreiten die Bedeutung seiner hämopeptischen Fähigkeit, weil sie bei manchen Stämmen eine Zerstörung der Blutkörperchen vermißten, sie vergessen jedoch, daß es tatsächlich Mutanten des Bacillus anthracis gibt, die hämopeptisch nicht wirken. Hierüber wird später noch zu berichten sein. Ivánovics und Földes berufen sich wieder auf die Arbeit von Bekker, wonach die hämopeptische Wirkung des Bacillus anthracis sehr labil sein und eine reversible Erscheinung darstellen soll, sie haben jedoch anscheinend eine Veröffentlichung von Buza übersehen, in der auf Fehler in der Arbeit von Bekker hingewiesen worden ist.

In meinem Institut und in einigen befreundeten Instituten wird der Nachweis der hämopeptischen Fähigkeit bei sämtlichen vollvirulenten Milzbrandbazillenstämmen schon seit rund zwei Jahrzehnten immer wieder erbracht. Wir versetzen derzeit den Agarnährboden mit 10% defibriniertem Schafblut. Freilich sind bei der Ausführung solcher Versuche gewisse Bedingungen zu erfüllen. Nachteilig wirken sich nämlich auf die Hämopepsis Eiweißstoffe und Eiweißabkömmlinge aus. Deshalb soll der Agarnährboden ohne Peptonzusatz hergestellt werden. Das Zustandekommen der Hämopepsis kann übrigens auch durch die Verwendung von gewaschenen Schafblutkörperchen statt Vollblut erleichtert werden, ein Verfahren jedoch, das überflüssig ist und von uns nicht angewendet wird. Ferner wird die Hämopepsis auch durch CO_2 beeinträchtigt. Die Konzentration von CO_2 in der Luft soll keineswegs über 5% betragen. Bei 5% CO_2 macht sich die Hämopepsis schon innerhalb 24 Stunden bemerkbar. Wird aber die Konzentration von CO_2 erhöht, dann tritt die Hämopepsis später ein und wird auch stetig schwächer, um bei Anwesenheit von 60% CO_2 überhaupt auszubleiben. Am schönsten macht sich die Hämopepsis in gewöhnlicher Luft bemerkbar. Deshalb kann man eine Parallelplatte auch an der Luft belassen. Dann werden allerdings auch die Kolonien der vollvirulenten Bazillen in der Rauhform angehen, während sie in den Parallelplatten bei Bebrütung in 5% CO_2 enthaltender Atmosphäre außer der Hämopepsis auch eine schleimige Beschaffenheit aufweisen.

Virulente Milzbrandbazillenstämme, die nach Reinzüchtung aus dem Tierkörper im versporten Zustand ohne Überimpfung aufbewahrt werden, behalten diese beiden Eigenschaften: Wachstum bekapselter Bazillen in schleimigen Kolonien in Gegenwart von CO_2 und hämopeptische Fähigkeit, unbegrenzt bei. Wir bezeichnen hier solche Stämme als M/H (M = mukoid und H = hämopeptisch).

Nun zeichnet sich der Bacillus anthracis durch eine außergewöhnlich große Variabilität aus. Schon Pasteur hat darauf hingewiesen, daß Milzbrandbazillen, falls sie bei höheren Temperaturen, bei etwa 42,5°, gezüchtet werden, ihre Virulenz mehr oder weniger einbüßen können, ohne jedoch begreiflicherweise, angesichts seiner Bouillonkulturen, kulturell nachweisbare Zeichen dieser Abschwächung festgestellt zu haben. In meinem Laboratorium hat dann besonders Buza hierzu interessante Erfahrungen gesammelt. Es handelt sich dabei um Mutationen, wie solche nicht nur gelegentlich der Züchtung bei höheren Temperaturen, sondern auch sonst, besonders bei häufigem Umstechen, entstehen. Daß es sich hierbei, im Gegensatze zur Auffassung von Bekker, tatsächlich um Mutationen handelt, geht schon daraus hervor, daß sie irreversibel sind.

Dreierlei Möglichkeiten kommen vor: In dem einen Falle geht die hämopeptische Fähigkeit verloren. Dann entsteht eine Mutante, die in Anwesenheit von CO_2 noch in Form schleimiger Kolonien wächst. Wir bezeichnen sie hier als $M/Ø$, wobei Ø das Fehlen der hämopeptischen Fähigkeit bedeuten soll. Die Virulenz dieser Mutante entspricht ungefähr der Virulenz jener Milzbrandbazillen, die bei der Schutzimpfungsmethode von Pasteur im II. Impfstoff enthalten sind. Derartige Bazillen vermögen Laboratoriumsnager, darunter auch Kaninchen und selbst schlecht genährte Schafe, krank zu machen und zu töten, wobei das anatomische Bild des Milzbrandes entsteht und das Blut und die Organe von bekapselten Bazillen überschwemmt erscheinen.

Eine andere Mutante entsteht auf die Weise, daß dem Rande schleimiger Kolonien, die zufällig auch unbekapselte Bazillenexemplare enthalten (Abb. 3), *Ausläufer entspringen, die in der Haupt-*

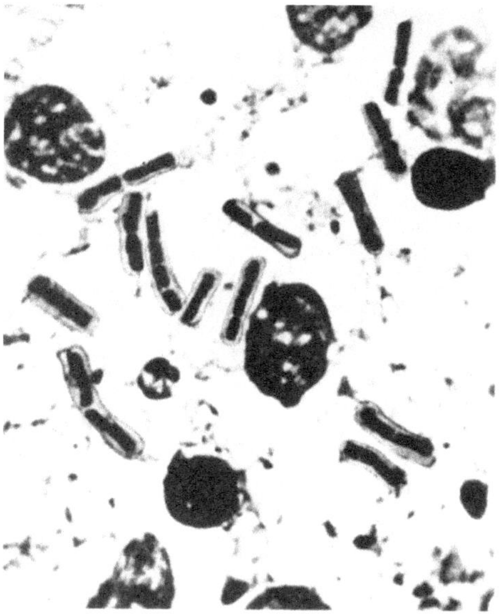

Abb. 1. Bekapselte Milzbrandbazillen. Ausstrich der Milz einer an Milzbrand verendeten Maus. Färbung mit Karboltoluidin. Vergr. 1 : 2000

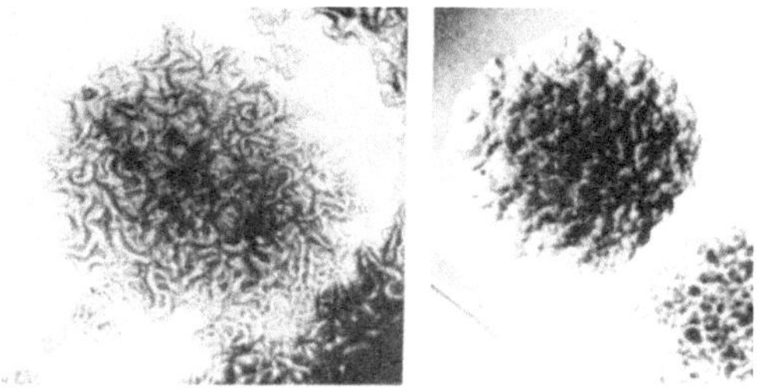

Abb. 2. Kolonien des Milzbrandbazillus auf Agar bei Luftzutritt. R-Formen. Links eine medusenhauptähnliche, rechts eine mehr geschlossene Kolonie

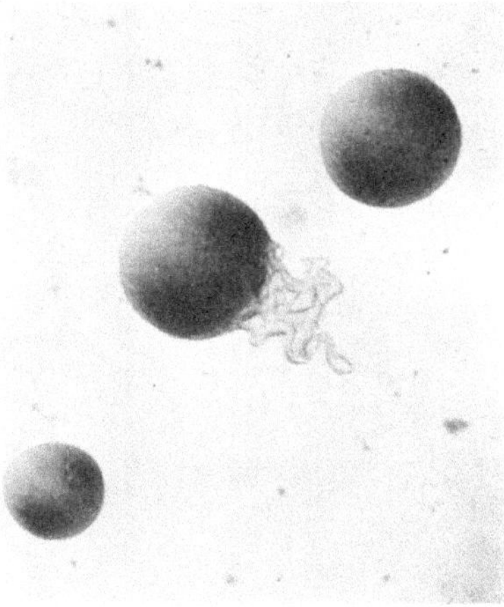

Abb. 3. Bacillus anthracis. Schleimige Kolonien auf Agar. Von einer Kolonie entspringen unbekapselte Bazillen enthaltende Ausläufer

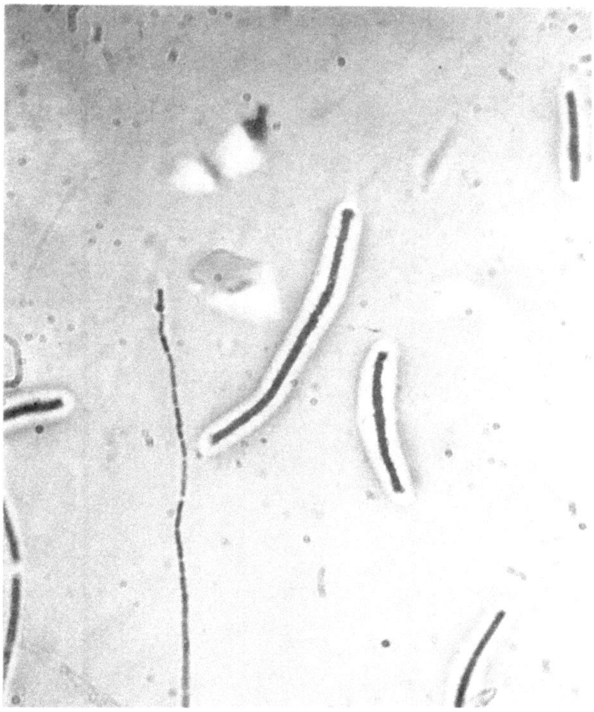

Abb. 4. Bacillus anthracis. Bekapselte Bazillenketten in einer schleimigen Kolonie; zwischen ihnen eine unbekapselte Bazillenkette. Vergr. 1 : 2000

Abb. 5. In der Mitte Cereus-Serum. Im Loch 1 Auszug aus Bacillus cereus, in den übrigen Löchern Auszüge aus verschiedenen Milzbrandstämmen. Präzipitation nur mit Bacillus cereus

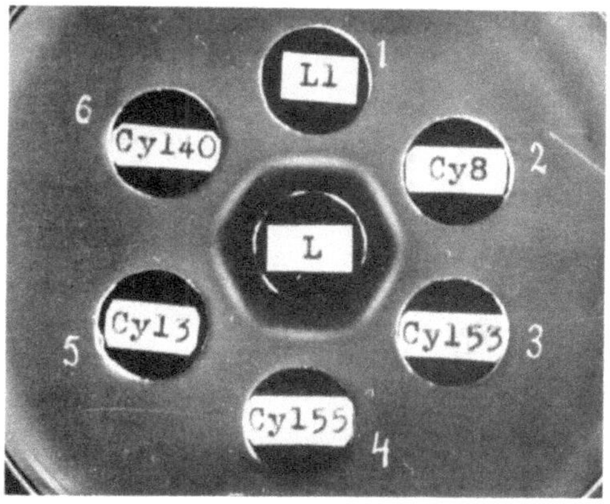

Abb. 6. In der Mitte ein mit Hilfe von unbekapselten Milzbrandbazillen hergestelltes Immunserum. Im Loch 1 Auszug aus einem Milzbrandstamm, in den übrigen Löchern Auszüge aus Cylindrosporus-Stämmen. Je ein Präzipitationsstreifen. Sie fließen ineinander

Abb. 7. In der Mitte ein Cylindrosporus-Serum. In den Löchern 1, 3 und 5 Auszüge aus Cylindrosporus-Stämmen, in den übrigen Auszüge aus Milzbrandstämmen. In der Nähe des Serums ineinander fließende Präzipitationsstreifen, außerhalb dieses Identitätsstreifens noch je ein Präzipitationsstreifen zwischen dem Serum und den Cylindrosporus-Auszügen

Abb. 8. In der Mitte ein mit Milzbrandbazillen erschöpftes Cylindrosporus-Serum. In den Löchern 1, 2 und 6 Auszüge aus Cylindrosporus-Stämmen, in den übrigen Auszüge aus Milzbrandstämmen. Präzipitationsstreifen nur zwischen dem Serum und den Auszügen aus Cylindrosporus-Stämmen.

sache aus unbekapselten Bazillen bestehen (Abb. 4). Diese unbekapselten Bazillen lassen sich in Reinkultur erhalten und vermehren sich dann unbegrenzt in der Rauhform, vermögen aber noch hämopeptisch zu wirken. Wir bezeichnen diese Mutante als *R/H*. Sie vermag, in größeren Mengen subkutan Mäusen einverleibt, die Mehrzahl dieser Tiere binnen 6 Tagen zu töten, wobei im subkutanen Bindegewebe eine oft erstaunlich hochgradige Gallerte, jedoch ohne Hämolyse, entsteht. Im Blute und in den Organen lassen sich wohl einige unbekapselte Bazillen nachweisen, zu einer Septikämie kommt es jedoch nicht. Auch zu Hautgeschwüren kommt es bei den überlebenden Tieren nicht. Für Kaninchen und Haustiere ist diese Mutante unschädlich. Sie scheint neben der noch zu besprechenden Mutante auch im sogenannten I. Impfstoff enthalten gewesen zu sein, eine große praktische Bedeutung hat sie jedoch erst neuerlich erlangt, indem derartige Bazillenstämme, die nach STERNE zur Immunisierung unserer Haustiere in großem Maßstabe mit ausgezeichnetem Erfolg verwendet werden, nach unseren Erfahrungen (SZENT-IVÁNYI) dieser R/H-Mutante angehören.

Endlich kann aus manchen Milzbrandkulturen eine Mutante isoliert werden, die unbekapselt ist, demnach in der Rauhform wächst, rote Blutkörperchen jedoch nicht angreift. Wir bezeichnen sie hier als *R/Ø*-Mutante. Der sogenannte I. Impfstoff bei der PASTEURschen Impfmethode enthielt in der Hauptsache diese Mutante. Sie vermag, ähnlich wie die R/H-Mutante, Mäuse, wenngleich in geringerer Zahl, ebenfalls zu töten, und auch hier entsteht lediglich ein toxischer Krankheitszustand, doch pflegt die ödematöse Infiltration des subkutanen Bindegewebes weniger ausgesprochen zu sein.

Das Krankheitsbild, das durch die R/H- und R/Ø-Mutanten hervorgerufen wird, entspricht demnach im großen und ganzen dem Zustand, den man feststellen kann, wenn man Mäusen große Mengen von saprophytischen Keimen (Bacillus cereus und Bacillus cylindrosporus) unter die Haut einverleibt, ein auffälliger Unterschied besteht jedoch darin, daß im letzteren Falle das Ödem in der Unterhaut hämolytisch aussieht und daß bei den überlebenden Tieren an der Einstichstelle Hautgeschwüre entstehen.

Wie dem aber auch sei, *die Ansicht mancher Forscher, der Bacillus cereus sei schwach pathogen, kann nicht aufrechterhalten werden,* denn es handelt sich hier um keine Infektionskrankheit, sondern nur um eine oft schon in wenigen Stunden tödlich verlaufende *Intoxikation,* bedingt durch Zerfallsprodukte an sich harmloser Bakterien; von einer milzbrandähnlichen Erkrankung kann schon deswegen keine Rede sein, weil der Tod auf dieselbe Weise auch bei milzbrandimmunen Tieren eintritt, wie dies BURDON und WENDE gezeigt haben.

Durch die Untersuchung von Reinkulturen der besprochenen Mutanten läßt sich demnach nachweisen, daß *die Virulenz der Milzbrandbazillen, je nach der Mutante, der sie angehören, sehr verschieden ist: sie bewegt sich zwischen höchster Virulenz und praktisch vollkommener Avirulenz in der Reihenfolge M/H → M/Ø → R/H → R/Ø.* Bedenkt man, daß in alten, oft überimpften Milzbrandkulturen nach unseren Erfahrungen verschiedene Mutanten vorhanden sein können, so ist es verständlich, daß Forscher, die alte Bazillenkulturen unbekannter Vorgeschichte untersuchten, zu sehr verschiedenen Resultaten gelangt sind, besonders wenn es sich um die Unterscheidung von in der Rauhform vorliegenden avirulenten oder fast avirulenten Milzbrandstämmen von ähnlich aussehenden Cereus-Stämmen handelte. Eine Verwechslung ist jedoch ausgeschlossen, wenn man wenigstens daran denkt, daß der Bacillus cereus stark hämolytisch wirkt, in Mäusen ein unterschiedliches Krankheitsbild verursacht und mit ihm die Voges-Proskauersche Probe positiv ausfällt, während der Bacillus anthracis hämopeptisch wirkt oder Blutkörperchen überhaupt nicht angreift und bei der Voges-Proskauerschen Probe ein negatives Resultat zeigt.

Daß übrigens *der Bacillus anthracis mit dem Bacillus cereus nicht identisch* ist, dürfte angesichts der Arbeiten von PESTI, BURDON, IVÁNOVICS und FÖLDES sowie von TOMCSIK und BAUMANN-GRACE als erwiesen betrachtet werden. Eine andere Frage jedoch, ob nämlich nicht doch wenigstens eine serologische Verwandtschaft zwischen diesen zwei Bazillenarten besteht, soll im folgenden besprochen werden.

Wir müssen uns bei dieser Gelegenheit zunächst mit der *Ascolischen Präzipitationsprobe* (1910) beschäftigen. Daß diese Probe insbesondere bei der Untersuchung von fauligen Milzbrandorganen hervorragende Dienste leistet, wird wohl allgemein anerkannt, wenn auch schon früher Schütz und Pfeiler, Pfeiler und Drescher u. a. darauf hingewiesen haben, daß auch milzbrandähnliche Keime eine positive Reaktion geben können. Diesen Befunden wurde jedoch keine praktische Bedeutung beigemessen, weil ja eine derartige Verunreinigung von Krankheitsmaterial mit saprophytischen milzbrandähnlichen Keimen, die eine positive Reaktion veranlassen könnten, in der Praxis kaum jemals vorkommt. Anders verhält sich die Sache freilich, wenn Reinkulturen mit dieser Probe untersucht werden. Die Untersuchung der Treffsicherheit der Präzipitationsprobe wurde jedoch durch die Stellungnahme von Smith und seinen Mitarbeitern wieder aktuell, indem es galt, zu prüfen, ob nicht serologische Beziehungen zwischen dem Bacillus anthracis und dem Bacillus cereus bestehen.

Ivánovics und Földes haben nun mit der Agardiffusionspräzipitationsprobe von Ouchterlony und Tomcsik und Baumann-Grace mit der interfazialen Präzipitationsprobe bei *gewissen* Cereus-Stämmen ein Polysaccharidantigen nachgewiesen, das sich auch im Bacillus anthracis vorfindet, und deswegen haben sich Ivánovics und Földes dahin geäußert, daß Bacillus anthracis und Bacillus cereus wohl zwei gut unterscheidbare Arten darstellen, eine phylogenetische Verwandtschaft jedoch zwischen ihnen, d. i. ihre Abstammung von gemeinschaftlichen Vorfahren, nicht ausgeschlossen werden könne. Sie stellten aber fest, daß die Art Bacillus cereus in immunbiologischer Hinsicht inhomogen sei, da bei der Mehrzahl der von ihnen geprüften Cereus-Stämme das erwähnte Polysaccharid nicht nachgewiesen werden konnte.

Ivánovics und Földes haben jedoch gewisse Ausführungen in der Arbeit von Pesti offenbar übersehen. Pesti stand nämlich in unserer Institutssammlung ein Originalstamm der von Borchard 1898 beschriebenen Bazillenart: *Bacillus cylindrosporus* zur Verfügung, der morphologisch und kulturell mit dem Bacillus cereus übereinstimmt, sich von diesem jedoch darin unterscheidet, daß bei ihm, ebenso wie beim Bacillus anthracis, im Gegensatz zu dem Bacillus cereus, die Voges-Proskauersche Probe negativ ausfällt. (Die wesentlichsten Merkmale der Arten: Bacillus anthracis, Bacillus cylindrosporus und Bacillus cereus sowie anderer von uns untersuchter milzbrandähnlicher Bazillenarten sind in Tabelle I zusammengestellt.) Pesti hat dann, wie später Yin Fen-Ke, aus Erdproben mehrere Stämme des Bacillus cylindrosporus isoliert. Ohne auf den Ausfall der Voges-Proskauerschen Probe Rücksicht genommen zu haben, hätte wohl auch Pesti diese Stämme als Cereus-Stämme angesprochen. *Nun zeigte sich aber, daß sich diese Cylindrosporus-Stämme hinsichtlich ihrer Polysaccharidantigene von den Cereus-Stämmen grundverschieden verhalten.* Im Kaninchenkörper erzeugte Cereus-Seren präzipitierten nämlich in der interfazialen Präzipitationsprobe nur Cereus-Auszüge, nicht dagegen Cylindrosporus- und Anthraxauszüge, während Cylindrosporus-Seren Cereus-Auszüge nicht, dagegen sowohl Cylindrosporus- wie auch Anthrax-Auszüge präzipitierten.

Seine Untersuchungsergebnisse stimmten somit teilweise mit den Erfahrungen von Ivánovics und Földes sowie von Tomcsik und Baumann-Grace überein, seine Folgerung weicht jedoch von ihrer Ansicht insofern ab, als er nicht eine Inhomogenität der Cereus-Stämme annahm, sondern den Schluß zog, daß *die in serologischer Hinsicht mit dem Bacillus anthracis verwandten Stämme nicht der Art Bacillus cereus, sondern einer selbständigen Art, dem Bacillus cylindrosporus, angehören.* Es wäre nun zu begrüßen gewesen, wenn es schon Pesti gelungen wäre, den Bacillus anthracis vom Bacillus cylindrosporus auch auf serologischem Wege zu unterscheiden. Dies war jedoch durch die Anwendung der interfazialen Präzipitationsprobe nicht möglich.

Der Nachweis eines serologischen Unterschiedes zwischen Cylindrosporus- und Anthraxpolysacchariden und damit die Ausarbeitung einer verbesserten Ascolischen Probe war erst meinem Mitarbeiter Yin Fen-Ke vorbehalten, der sich der Präzipitationsprobe nach Ouchterlony in Agargel bediente. Zum Nachweis der Antigene verwendete er Auszüge aus Agarkulturen, hergestellt nach dem von Szent-Iványi modifizierten Lancefieldschen Verfahren. Da solche Auszüge in saurem Medium durch Hitzeeinwirkung hergestellt werden, so enthalten sie keine Eiweißstoffe, sondern nur Polysaccharide und in geringer Konzentration eventuell auch Polypeptide, und zwar, wie bekannt, solche, die aus d-(—) Glutaminosäuremolekülen aufgebaut sind.

Zunächst untersuchte er ein Serum, das von einem Kaninchen durch Behandlung mit bekapselten Milzbrandbazillen gewonnen worden war. Es enthält Antikörper gegen das spezifische Polysaccharid des Bacillus anthracis und in geringer Menge solche gegen das erwähnte Polypeptid. Durch dieses Serum wurden die Auszüge aus sämtlichen Mutanten des Bacillus anthracis und außerdem die Auszüge aus den schleimig wachsenden (M-Formen) des Bacillus subtilis und des Bacillus megaterium präzipitiert, wie zu erwarten war. Dabei entstanden mit Auszügen der Mutanten M/H und M/Ø des Bacillus anthracis je zwei und mit den M-Formen der Subtilis- und Megateriumkeime sowie mit den Auszügen aus den Mutanten R/H und R/Ø des Bacillus anthracis und des Bacillus cylindrosporus nur je ein Präzipitationsstreifen. Nach Erschöpfung dieses Serums mit Bazillen der Mutante R/Ø des Bacillus anthracis blieben je ein Streifen mit den Auszügen aus den Mutanten M/H und M/Ø des Bacillus anthracis und den Auszügen aus M-Stämmen des Bacillus subtilis und Bacillus megaterium erhalten (Tabelle II). Dies besagt, daß in den Mutanten M/H und M/Ø des Bacillus anthracis zwei hitzebeständige Antigene erhalten sind, wovon das eine, wie seit langem bekannt, ein Polypeptid ist, das sich jedoch auch in M-Stämmen des Bacillus subtilis und des Bacillus megaterium vorfindet. Das andere Antigen ist dagegen in sämtlichen Mutanten des Bacillus anthracis enthalten, darüber hinaus findet es sich jedoch auch im Bacillus cylindrosporus, im Bacillus cereus dagegen nicht. Hieraus folgt, daß *zur Untersuchung der serologischen Verwandtschaft zwischen Bacillus anthracis und Bacillus cylindrosporus und zur Auswertung der Ascolischen Probe Seren verwendet werden müssen, die durch die Behandlung der serumspendenden Tiere mit den Mutanten R/H oder R/Ø des Bacillus anthracis bzw. mit dem Bacillus cylindrosporus erhalten werden* und somit den störenden Einfluß der gegen das Polypeptid gerichteten Antikörper vermissen lassen.

Yin Fen-Ke stellte zunächst, wie vor ihm schon Pesti, durch Behandlung von Kaninchen mit unbekapselten Stämmen der verschiedensten uns zugänglichen sporentragenden Aerobiern präzipitierende Seren her, die demnach nur gegen die Polysaccharide der betreffenden Bazillenarten wirksame Antikörper enthielten, und konnte die Ergebnisse von Pesti bestätigen, wobei sich zeigte, daß Cereus-, Anthracoides-, Subtilis- und Megateriumseren nur mit Auszügen aus Cereus-, Anthracoides-, Subtilis- und Megaterium-Stämmen eine Präzipitation verursachten (Abb. 5), während *die Auszüge aus sämtlichen Mutanten des Bacillus anthracis und aus dem Bacillus cylindrosporus sowohl mit Anthrax- als auch mit Cylindrosporus-Seren präzipitierten.* Er machte jedoch dabei die wichtige Beobachtung, daß bei diesen Versuchen die Auszüge aus den Mutanten des Bacillus anthracis mit beiderlei Seren nur je einen Präzipitationsstreifen (Abb. 6), die Cylindrosporus-Auszüge dagegen mit dem Milzbrandserum nur einen, mit dem Cylindrosporus-Serum dagegen zwei Präzipitationsstreifen ergaben (Abb. 7). *In den Auszügen des Bacillus anthracis ist somit nur ein Polysaccharidantigen nachweisbar, während in den Cylindrosporus-Auszügen zwei Polysaccharidantigene zugegen sind,* eine Tatsache, die in Versuchen mit der interfazialen Präzipitationsprobe selbstverständlich verborgen bleiben mußte. Nun zeigte sich, daß *das Polysaccharidantigen des Bacillus anthracis mit dem einen Polysaccharid des Bacillus cylindrosporus identisch ist,* denn die betreffenden Präzipitationsstreifen fließen ineinander (Identitätsreaktion; Abb. 6). *Das andere Polysaccharidantigen des Bacillus cylindrosporus ist für diese Bazillenart spezifisch; der für dieses Antigen charakteristische Präzipitationsstreifen kommt im Agargeltest näher zu dem Loch zu liegen, das den Auszug enthält* (Abb. 7; Tabelle III).

Diese Erfahrungen lassen grundsätzlich die Vermutung zu, daß die Präzipitationsprobe von Ascoli bei Krankheitsmaterial, das mit milzbrandähnlichen Saprophyten, nach unseren Erfahrungen jedoch nur mit Bacillus cylindrosporus, stark verunreinigt ist, tatsächlich zu Fehlerergebnissen führen könnte. Dem läßt sich jedoch unter Zugrundelegung der Versuchsergebnisse von Yin Fen-Ke abhelfen. Er stellte nämlich fest, daß sich ein Milzbrandserum, das keine

Antikörper gegen das Polypeptid enthält — und solche Seren werden ja im allgemeinen zur Ascolischen Probe verwendet —, durch Zusatz sowohl von Milzbrandbazillen als auch von Cylindrosporus-Bazillen erschöpfen läßt, so daß es weder mit Milzbrand- noch mit Cylindrosporus-Auszügen eine Präzipitation gibt. Dagegen läßt sich ein Cylindrosporus-Serum nur durch Cylindrosporus-Bazillen vollauf erschöpfen, während es nach Behandlung mit Milzbrandbazillen den für den Bacillus cylindrosprous spezifischen Antikörper unverändert beibehält

Tabelle I

Bazillenart	Begeißelung	Kapselbildung	Verhalten in Bouillon	Hämopepsis	Hämolyse	Lezithinase	Voges-Proskauersche Probe
Bac. anthracis							
Typ M/H	—	+	bodenständige	+	—	—	—
„ M/Ø	—	+	Flöckchen	—	—	—	—
„ R/H	—	—		+	—	—	—
„ R/Ø	—	—		—	—	—	—
Bac. cylindrosporus	+	—	Trübung	—	+	+	—
Bac. cereus	(+)	—	Trübung	—	+	+	+
Bac. anthracoides	+	—	Trübung	—	+	+	+
Bac. subtilis M-Form	+	+	Oberflächen-	+	—	—	+
„ „ R-Form	+	—	häutchen	—	—	—	+
Bac. megaterium M-Form	+	+	Trübung	—	—	—	—
„ „ R-Form	+	—		—	—	—	—

Tabelle II

Gegen Polypeptid- und Polysaccharid-Antigen wirksames Anthraxserum

Anthraxserum	Auszüge aus									
	Bac. anthracis				Bacillus cylindrosporus	Bacillus cereus	Bac. subtilis Typ A und B		Bac. megaterium	
	M/H	M/Ø	R/H	R/Ø			M	R	M	R
Original	⊕+	⊕+	+	+	+	—	⊕	—	⊕	—
Mit Bac. anthracis Mutante R/Ø erschöpft	⊕	⊕	—	—	—	—	⊕	—	⊕	—

⊕ = Präzipitation mit dem Polypeptid
\+ = Präzipitation mit dem Polysaccharid

(Abb. 8). *Hieraus folgt, daß es empfehlenswert ist, zukünftig in den Laboratorien für die Ascolische Probe zweierlei Seren vorrätig zu halten: ein Milzbrandserum und ein durch Milzbrandbazillen abgesättigtes Cylindrosporus-Serum.* Es ergibt sich daraus, daß, falls Auszüge aus dem Krankheitsmaterial mit dem Milzbrandserum eine Präzipitation erzeugen, mit dem vorbehandelten Cylindrosporus-Serum dagegen nicht, die Diagnose Milzbrand mit Entschiedenheit gestellt und eine Verunreinigung mit saprophytischen milzbrandähnlichen Keimen als Fehlerquelle ausgeschlossen werden kann. Dies trifft sowohl für die Präzipitationsprobe in Agargel wie für die klassische, interfaziale Ascolische Probe zu.

Tabelle III

Gegen Polysaccharide wirksame Seren

Bazillenarten	Anthrax-Serum		Cylindrosporus-Serum		Cereus-Serum	Anthracoides-Serum	Subtilis-Serum		Megaterium-Serum
	Original	Mit Bac. anthracis oder Bac. cylindrosporus erschöpft	Original	Mit Bac. anthracis erschöpft			Typ A	Typ B	
Bac. anthracis	+	—	+	—	—	—	—	—	—
Bac. cylindrosporus	+	—	+	+	—	—	—	—	—
Bac. cereus	—	—	—	—	+	—	—	—	—
Bac. anthracoides	—	—	—	—	—	+	—	—	—
Bac. subtilis Typ A	—	—	—	—	—	—	+	—	—
Bac. subtilis Typ B	—	—	—	—	—	—	—	+	—
Bac. megaterium	—	—	—	—	—	—	—	—	+

Zusammenfassung

Die Eigenschaften des Bacillus anthracis werden im Hinblick auf die einander widersprechenden Angaben des Schrifttums besprochen. Es wird besonders auf die Mutanten des Bacillus anthracis eingegangen, die sich in ihrer Virulenz voneinander unterscheiden, wobei die Beziehungen zwischen dem Grade der Virulenz und der Fähigkeit der Mutanten, Kapseln zu bilden und hämopeptisch zu wirken, hervorgehoben werden. Der wichtige Unterschied zwischen hämopeptischer Fähigkeit des Bacillus anthracis und hämolytischer Fähigkeit gewisser Saprophyten wird unterstrichen.

Bacillus anthracis wird als eine „gute Art" anerkannt, die keinerlei, auch keine serologischen, Beziehungen zum Bacillus cereus aufweist. Cereusstämme, von welchen behauptet wird, daß sie ein mit dem Bacillus anthracis gemeinschaftliches Polysaccharidantigen besitzen sollen, gehören der im Schrifttum über Bacillus anthracis und Bacillus cereus nicht berücksichtigten Art Bacillus cylindrosporus BURCHARD (1898) an. Bacillus cylindrosporus könnte bei der Präzipitationsprobe von ASCOLI tatsächlich mit dem Bacillus anthracis verwechselt werden, weil beide Bakterienarten ein gemeinschaftliches Polysaccharidantigen besitzen. Bacillus cylindrosporus verfügt jedoch außerdem noch über ein für sich spezifisches Polysaccharidantigen. Die Verwechselung dieser Arten läßt sich daher verhindern durch Verwendung auch eines mit Milzbrandbazillen abgesättigten Cylindrosporus-Serums.

Literatur

Baertlein: Zbl. Bakt., I. Orig., **74** (1914) 201.
Bekker: Zbl. Bakt., I. Orig., **147** (1941) 451; **150** (1943) 326.
Brown und Cherry: Journ. inf. Dis. **96** (1955) 34.
Brown, Cherry, Moody und Gordon: Journ. Bact. **69** (1955) 590.
Brown, Moody, Treece und Smith: Journ. Bact. **75** (1958) 499.
Burchard: Arb. bakt. Inst., Techn. Hochsch. Karlsruhe **2** (1898) 31.
Burdon: Journ. Bact.. **71** (1956) 25.
Burdon und Wende: Journ. inf. Dis. **107** (1960) 224.
Buza: Zbl. Bakt., I. Orig., **143** (1939) 244; **146** (1940) 18; **150** (1943) 451.
Chu: Proc. Soc. gen. Microb., 1950.
Chu: Journ. Hyg. **50** (1952) 433.
Colmer: Journ. Bact. **55** (1948) 777.
Gruex-Holzer und Tomcsik: Journ. gen. Microb. **14** (1956) 14.
Ivánovics: Zschr. Immforsch. **94** (1938) 436.
Ivánovics und Földes: Acta microb. Acad. Sc. Hung. **5** (1958) 89.
Kovács: Közlemények az összehasonlító élet- etc. köréből **27** (1940) 392.
van Loghem: Cbl. Bakt., I. Orig., **57** (1911) 289; **67** (1913) 410; **70** (1913) 70.
Manninger in Hutyra, Marek u. Manninger: Spez. Path. u. Therapie d. Haustiere, VII. Aufl., Jena **1** (1938) 15.
Manninger und Nógrádi: Experientia **4** (1948) 276.
Nungester: Journ. inf. Dis. **44** (1929) 73.
Pesti: Dissertation 1954 und Acta vet. Acad. Sc. Hung. **8** (1958) 151.
Patočka: Cesk. Acad. Praha, 1934, No. **4**.
Pfeiler und Drescher: Zschr. Infkr. der Haustiere **13** (1913) 391.
Schütz und Pfeiler: Arch. Tierheilk. **38** (1912) 207.
Seidel: Der Lebensmitteltierarzt **5** (1954) 181; Lebensmittelhyg. **9** (1958) 41; Zbl. Bakt. **175** (1959) 433.
Smith, Gordon und Clark: Aerobic mesophilic spore forming Bacteria. U.S. Dep. Agricult., Misc. publ. No. 559, 1946.
Smith, Gordon und Clark: Aerobic spore forming bacteria. U.S. Dep. Agricult., Monograph No. 16, 1952.
Stamatin: Arh. vet. **26** (1934) 1.
Stamatin und Stamatin: Compt. rend. Acad. Sc. **122** (1936) 491.
Sterne: Onderstepoort J. vet. Sc. **8** (1937) 271; **9** (1937) 49.
Sterne und Proom: Journ. Bact. **74** (1957) 541.
Szent-Iványi: Acta Vet. Sci. Hung. **2** (1952) 109.
Szent-Iványi: Acta Vet. Acad. Sci. Hung. **10** (1960) 239.
Thorne und Belton: Journ. gen. Bact. **19** (1957) 505.
Thorne, Gomez und Housereight: Journ. of Bact. **63** (1952) 363.
Tomcsik und Baumann-Grace: Schweiz. Zschr. allg. Path. u. Bakt. **22** (1959) 144.
Toumanoff: Annales Pasteur **85** (1953) 90.
Yin Fen-Ke: Magyar Állatorv. Lapja **16** (1961) 369; Acta vet. Acad. Sci. Hung. (im Druck).

Aus der Mikrobiologischen Abteilung des Instituts für Experimentelle Medizin der Ungarischen Akademie der Wissenschaften

Beobachtungen über die Veränderlichkeit des Tuberkel-Bazillus [1]

J. Weissfeiler, Budapest
Korrespondierendes Mitglied der Ungarischen Akademie der Wissenschaften

1.

Die Erforschung der Veränderlichkeit der Mikroorganismen hat im Laufe der letzten Jahrzehnte zu wichtigen Ergebnissen geführt, die für die ganze Biologie und Medizin von großer Bedeutung sind. Der Nachweis, daß die Desoxyribonukleinsäure der Bakterien und Viren die vererblichen Eigenschaften weitgehend bestimmt und die Biosynthese beherrscht, führte zum Entstehen eines neuen Wissenschaftszweiges, der Mikrobengenetik, die zur Erforschung von biologischen Grundproblemen immer breiter angewendet wird.

Es sind aber mehrere Probleme, die trotz der großartigen Entwicklung der modernen Forschung in den Hintergrund gedrängt worden sind, so das Problem der Dissoziation, der filtrierbaren Formen der Bakterien u. a. Auch die Erforschung der Gesetzmäßigkeiten der Entwicklung der Lebewesen kann durch Untersuchung der Veränderlichkeit der Mikroorganismen weitgehend gefördert werden, da wir hier die Möglichkeit haben, infolge der raschen Aufeinanderfolge der Generationen, den Darwinismus auf experimentellen Grundlagen zu studieren.

In der Genetik stehen bekanntlich die materialistischen und idealistischen Auffassungen in scharfem Gegensatz einander gegenüber, was sich natürlich auch auf die Bakteriengenetik auswirkt. Der materialistische Gesichtspunkt sucht die Gesetzmäßigkeiten der Veränderlichkeit und Erblichkeit durch nachweisbare chemische und physikalische Vorgänge, durch Aufeinanderwirken der äußeren und inneren Faktoren zu klären, der idealistische Standpunkt führt dagegen die erblichen Veränderungen auf irgendwelche nicht erforschbare Ursachen zurück, erklärt die Richtung dieser Veränderungen durch Zufall, und dieser Auffassung widersprechende Tatsachen werden einfach nicht untersucht.

Die Erforschung der Veränderlichkeit des Tuberkelbazillus, mit der ich mich seit mehreren Jahrzehnten beschäftige, erwies sich als ein Gebiet, das sowohl theoretisch wie praktisch wichtige Resultate geben kann. Einige Ergebnisse, die sich auf die Probleme der Dissoziation, der filtrierbaren Formen und der Virulenzänderung beziehen, werden im folgenden dargestellt.

2.

Die Dissoziation der Tuberkelbazillen und die atypischen Mykobakterien

Unter bakterieller Dissoziation verstehen wir die Abspaltung von Varianten. Wie bekannt, gibt es zwei Haupttypen — die R- und die S-Varianten —, die sich neben der Kolonieform auch in anderen biologischen Eigenschaften unterscheiden (Virulenz, fermentative Fähigkeiten usw.). Die virulenten Tuberkelbazillen des Typus humanus gehören zu den R-Varianten, d. h. sie bilden rauhe Kolonien; der virulente Typus bovinus bildet entweder dysgonische S- oder eugonische R-Kolonien; der virulente Typus avium bildet glatte S-Kolonien.

---

[1] Nach einem Vortrag in der Klasse für Medizin der Deutschen Akademie der Wissenschaften zu Berlin am 23. November 1961.

Im Jahre 1936 haben wir eine gelbe pigmentbildende Variante der Tuberkelbazillen beschrieben, die aus einem humanen Laboratoriumsstamm entstand und ihre pigmentbildenden Eigenschaften bei weiteren Überimpfungen behielt. Die Abspaltung aus humanen Stämmen von S-Varianten und pigmentbildenden Varianten haben wir bei anderen Stämmen auch beobachtet und betrachten sie ebenfalls als Resultat der Dissoziation. Wir haben ebenfalls das Auftreten unter experimentellen Bedingungen von rasch wachsenden Varianten beobachtet, die viele Eigenschaften der saprophytischen Mykobakterien aufwiesen und deshalb von uns als saprophytische Varianten bezeichnet wurden. Wir stellten fest, daß sowohl die S- wie auch die pigmentbildenden Varianten ihre immunisierende Fähigkeit gegen Tuberkulose weitgehend beibehielten, was ein weiterer Beweis ihrer Zugehörigkeit zu den Tuberkelbazillen ist, wohingegen die saprophytischen Varianten selten und schwach gegen Tuberkulose immunisieren.

Die Eigenschaften der S-, chromogenen und saprophytischen Varianten sind vererblich; nur selten kommt es zur Rückwandlung in den Ausgangsstamm. Hier handelt es sich also nicht um die erbliche Veränderung einer Eigenschaft bzw. eines Gens, sondern um die erbliche Veränderung einer ganzen Reihe von Eigenschaften, von denen ein Teil neu aufgetreten, ein anderer Teil verlorengegangen ist.

Wir betrachten die Dissoziation als einen Mutationsvorgang, bei dem gleichzeitig viele Eigenschaften in Verlust geraten und mehrere im Laufe der Phylogenese längst verschwundenen Eigenschaften erneut auftreten. Die S-Variante steht dem Vogeltuberkelbazillus nahe, der sicher ein Ahne der Säugetiertuberkelbazillen ist, die chromogenen und saprophytischen Varianten den saprophytischen Mykobakterien, aus denen zweifellos die pathogenen Tuberkelbazillen entstanden sind. Deshalb bezeichnen wir diese für Bakterien eigentümliche Veränderung als anzestrale Mutation.

Das Phänomen der Dissoziation der Tuberkelbazillen steht in engem Zusammenhang mit dem Problem der atypischen Mykobakterien. Wie bekannt, häufen sich Beobachtungen, daß von Kranken, die meistens als lungentuberkulös betrachtet werden, säurefeste Mykobakterienkulturen ausgezüchtet werden, die für Meerschweinchen nicht pathogen sind. Hauduroy, Freerksen und zahlreiche amerikanische Verfasser betrachten diese Stämme als aus der Außenwelt in den Körper eingedrungene fakultativ pathogene Mikroorganismen, deren Zusammenhang mit den Tuberkelbazillen nicht untersucht wird. Runyon hat diese Stämme auf Grund ihrer Pigmentbildung in 3 Gruppen eingeteilt: nichtpigmentbildende oder nonchromogene, echte pigmentbildende und photochromogene.

Wir haben mehrfach aus Tuberkulosekranken säurefeste Kulturen erhalten, die weder typische Tuberkelbazillen noch typische säurefeste Saprophyten waren. Hierher gehören zwei pigmentbildende Stämme und ein pigmentloser Stamm aus den Lungen von Tuberkulosekranken, ein pigmentbildender Stamm aus dem Liquor, ein rasch wachsender Stamm aus dem Sputum von mit Isoniazid behandeltem Kranken u. a. Wir betrachteten unsere Stämme als Varianten der Tuberkelbazillen, die durch Dissoziation in vivo aufgetreten sind. Dafür sprach außer der zweifellosen Tatsache der gleichzeitig oder vorher (bei Meningitis) ausgezüchteten Tuberkelbazillen auch die Untersuchung der immunisierenden Fähigkeit mehrerer Stämme.

Die Frage der Verwandtschaft der atypischen Mykobakterien mit den Tuberkelbazillen kann auf drei Wegen geklärt werden:

1. Durch die Untersuchung der Eigenschaften der in vitro durch Dissoziation aus den Tuberkelbazillenkulturen entstandenen Varianten und den Vergleich dieser Varianten mit den aus dem Menschen ausgezüchteten atypischen Stämmen.

2. Durch die Untersuchung der immunisierenden Eigenschaften atypischer Stämme gegen Tuberkulose.

3. Durch Untersuchung der Antigenstruktur der Tuberkelbazillen, der aus ihnen durch Dissoziation erhaltenen Varianten und der atypischen Mykobakterien und durch Klärung der Bedeutung und Zahl der gemeinsamen Antigene.

Abb. 1. Gelpräzipitation von Anti-BCG-Serum mit Antigenen von BCG und humanen Tuberkelbazillus H 37 Rv

Abb. 2. Gelpräzipitation von Anti-H 37 Rv-Serum mit Antigenen des homologen Stammes H 37 Rv und des Stammes M. fortuitum

Abb. 3. Gelpräzipitation von Anti-232-Serum mit Antigenen des homologen Stammes Nr. 232 (Yellow Bacillus) und des Stammes H 37 Rv

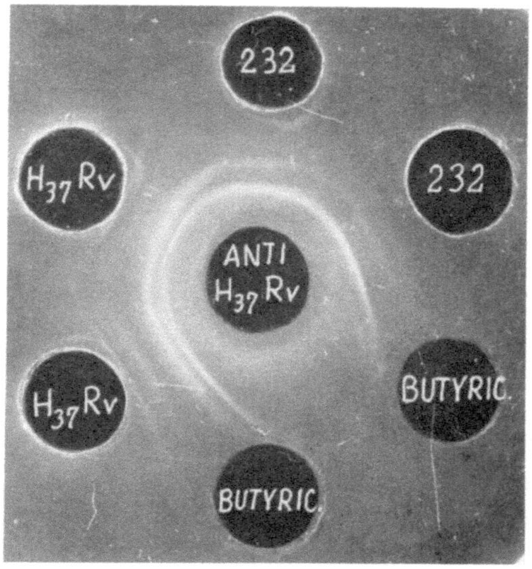

Abb. 4. Gelpräzipitation des Anti-H 37 Rv-Serums mit dem homologen Antigen des H 37 Rv-Stammes, des Stammes Nr. 232 und des saprophytischen Stammes M. butyricum

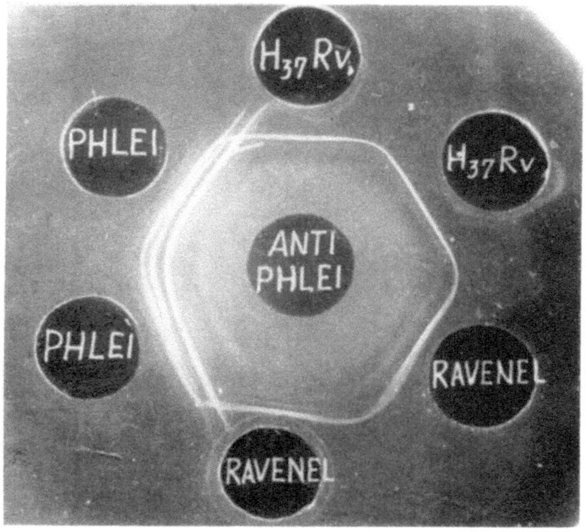

Abb. 5. Gelpräzipitation des Anti-Phlei-Serums mit dem Antigen des homologen saprophytischen Stammes M. phlei, des Stammes H 37 Rv und des bovinen Tuberkelbazillenstammes Ravene

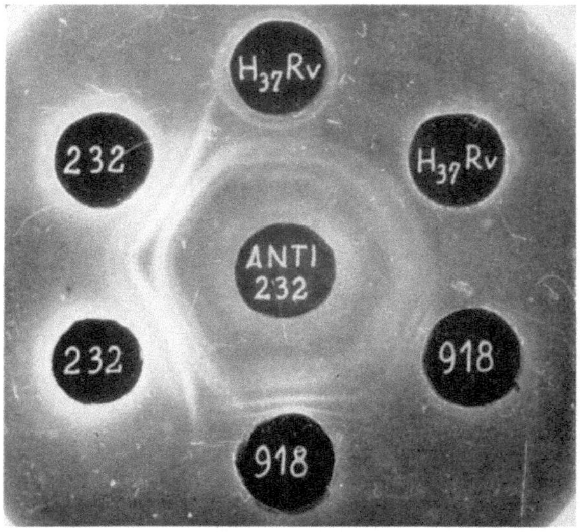

Abb. 6. Gelpräzipitation des Anti-232-Serums mit dem Antigen des homologen Stammes Nr. 232, des Stammes H 37 Rv und des atypischen Stammes Nr. 918 (Orange Bacillus)

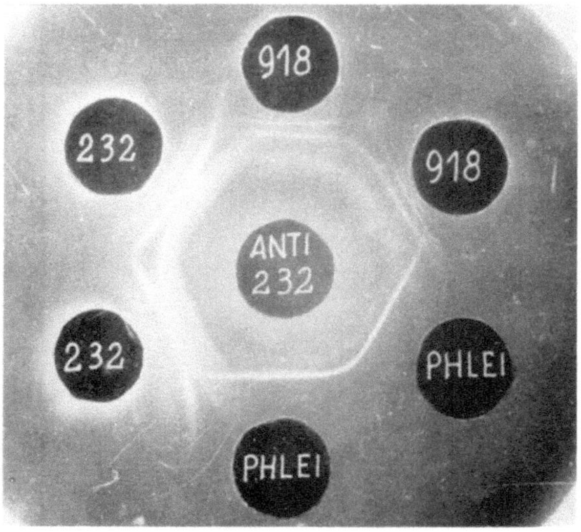

Abb. 7. Gelpräzipitation des Anti-232-Serums mit dem Antigen des homologen Stammes Nr. 232 und der Stämme Nr. 918 und M. phlei

Wir haben alle drei Methoden angewandt und setzen derartige Untersuchungen auch weiter fort. Besonders wichtig erscheinen die Resultate der Antigenanalyse durch Gelpräzipitation. Es erwies sich, daß die Tuberkelbazillen nur 1—2 gemeinsame Antigene mit in der Natur vorkommenden saprophytären Mykobakterien und dem Stamm M. fortuitum besitzen; dagegen haben zwei atypische Mykobakterien, die durch POLLAK und BUHLER beschriebenen „orange bacillus" (Nr. 918) und „yellow bacillus" (Nr. 232) 4—6 gemeinsame Antigene mit den Tuberkelbazillen, sind also zweifellos ganz nahe verwandt (Abbildungen 1—7).

Dies bedeutet nicht, daß wir nun alle aus dem Menschen ausgezüchteten Mykobakterien auf Tuberkelbazillen zurückführen müssen. Es ist wahrscheinlich, daß außer dem M. fortuitum auch andere bedingt pathogene Keime in der Natur vorkommen, die Krankheiten hervorrufen können, wenn sie unter günstigen Bedingungen in den menschlichen Körper gelangen und sich in ihm vermehren.

3.

Die filtrierbare Form der Tuberkelbazillen. Herkunft und Eigenschaften des Stammes 115

Was die filtrierbaren Formen der Mikroorganismen betrifft, so verhält sich die mikrobiologische Wissenschaft im allgemeinen skeptisch, wie aus dem Handbuch von TOPLEY und WILSON u. a. hervorgeht. Auch RICH bezweifelt das Vorkommen filtrierbarer Formen des Tuberkelbazillus. Diese Anschauungen sind dadurch zu erklären, daß es schwer ist, filtrierbare Formen nachzuweisen, da sie submikroskopisch sind, und nur ihre Rückwandlung in die Ursprungsform kann als sicherer Beweis ihrer Existenz und Lebensfähigkeit gelten. In den letzten Jahren ist hierüber nur eine wichtige Arbeit von BRIEGER erschienen, der mit Hilfe differenzierten Zentrifugierens und elektronenmikroskopischer Untersuchungen sphärische Körperchen in der Größe von 200 bis 300 Millimikron im Gewebe tuberkulöser Kaninchen nachwies, die bei Weiterimpfung auf Versuchstiere keine Tuberkulose hervorriefen.

Bei unseren Untersuchungen seit 1950 sind wir von der Hypothese ausgegangen, daß Tuberkelbazillen unter ungünstigen Vermehrungsbedingungen der Autolyse unterliegen, wobei filtrierbare Formen entstehen. Wir haben BCG-Kultur auf flüssigem Nährboden 48 Stunden nach Untertauchen des Kulturhäutchens durch Seitz-Filter filtriert und im Filtrat mit Hilfe von Aluminiumhydroxyd die dort anwesenden filtrierbaren Formen adsorbiert. Das Adsorbat haben wir Meerschweinchen und Mäusen subkutan injiziert, um auf diese Weise günstige Bedingungen zur Umwandlung in Bakterien zu schaffen. Nach 30 Tagen wurde aus dem Abszeß, der sich an der Injektionsstelle bildete, und den Organen der Tiere abgeimpft, wobei wir mehrfach R- und S-Varianten von Tuberkelbazillen erhielten, ein Zeichen, daß im Laufe der Regeneration der filtrierbaren Formen Bakterien mit veränderten erblichen Eigenschaften entstehen können, da diese Formen plastisch sind.

Mit Hilfe unseres Adsorptionsverfahrens haben wir den Nachweis filtrierbarer Formen der Tuberkelbazillen in Blut und Sputum von Kranken erbracht. In einem Falle, wo wir das Blut einer Tuberkulosekranken an Aluminiumhydroxyd adsorbiert in Meerschweinchen einspritzten, züchteten wir aus dem Tier einen Stamm mit abgeschwächter Virulenz, den wir eingehend untersuchten.

Unsere Beobachtungen mit diesem Stamm Nr. 115 können wir kurz wie folgt zusammenfassen:

Auf Meerschweinchen, sogar in sehr hohen Dosen intravenös eingeimpft (10 mg), ruft dieser Stamm keine progressiven Veränderungen hervor; nach $3^1/_2$ bis 4 Monaten bilden sich die Gewebsreaktionen zurück. Wir haben die Stabilität dieser abgeschwächten Virulenz durch Passagen an Meerschweinchen geprüft. Im Laufe von vier Jahren wurden an 43 Meerschweinchen, die mit großen Dosen geimpft waren, 7 aufeinanderfolgende Passagen vorgenommen; in keinem Falle konnte eine Virulenzsteigerung beobachtet werden, also die Abschwächung der Virulenz ist fixiert.

Die pathogenen Eigenschaften des Stammes Nr. 115 wurden auch an Affen studiert, um daraus auf Humanvirulenz Schlüsse ziehen zu können. 16 Cynomolgus- und Rhesus-Affen wurden mit 1—10 mg teils intravenös, teils subkutan geimpft. Auf Grund siebenmonatiger Beobachtungen konnten wir feststellen, daß der Stamm Nr. 115 bei Affen nur gutartige und spontan heilende Veränderungen hervorruft. Mehrere Immunisierungsversuche an Meerschweinchen, in denen wir diesen Stamm mit BCG verglichen, ergaben günstigere Resultate für den Stamm 115 als für BCG. Wir hielten es deshalb für notwendig, die immunisierende Fähigkeit des Stammes Nr. 115 an Affen zu prüfen. Unsere Versuchsergebnisse sind in der Tabelle I zusammengefaßt.

Tabelle I

Tuberkulöse Veränderungen bei immunisierten Affen

Vakzine	Nr. der Tiere	Impf-stelle	Regionale Lymph-knoten	Andere Lymph-knoten	Milz	Leber	Lungen	Peri-toneal-Exsudat	Summe der Veränderung	Tbk-Index
115	1	+	+++	++	—	—	—	—	6	
	2	+	+	+	—	—	—	—	3	
	3	+	—	—	—	—	—	—	1	
	4	++++	++++	—	—	—	—	—	8	
	6	+	+	—	—	—	—	—	2	4,0
BCG	7	++++	++	+++	—	—	++	—	11	
	8	+++	++++	++++	—	—	++	+++	16	
	9	++	++++	—	—	—	++	—	8	
	10	++	++	++++	+	—	++	+	12	
	11	—	+	+++	+++	—	++	++	11	
	12	++	+++	++++	+++	—	+	+	13	11,8
Kon-trolle[1]	13	—	++++	—	+++	—	+++	—	10	
	14	+	++	—	—	—	+++	—	6	
	16	+++	+++	+++	+	+++	++	—	15	10,3

[1] Bemerkung: 30 Tage vor den immunisierten Tieren getötet.

Die Schwere des Organbefalls ist durch die Zahl der Kreuze (+) gekennzeichnet. Die Kontrolltiere wurden zwei Monate, die immunisierten Tiere drei Monate nach der Infektion getötet.

Auch in diesem Versuch war der Stamm Nr. 115 an Immunisierungsfähigkeit dem BCG-Stamm überlegen. Nach diesen Ergebnissen halten wir es für notwendig, unseren Stamm nunmehr an Kindern zu prüfen, um mit einer wirksameren Vakzine als dem BCG-Impfstoff zu arbeiten.

4.

Allgemeine theoretische Schlußfolgerungen

Diese Versuche mit dem Stamm Nr. 115 sind auch theoretisch von Interesse. Sie weisen nämlich darauf hin, daß eine Minusmutation, wie Verlust der Virulenz, so weitgehend fixiert werden kann, daß im Laufe von 8 Jahren weder spontan noch durch Passagen eine Virulenzsteigerung der Keime erfolgt.

Aus unseren Beobachtungen ergeben sich unter Heranziehung entsprechender Literaturangaben einige Folgerungen zur Genetik und Evolution der Mikroorganismen.

Wenn im Laufe der Phylogenese längst verlorene Eigenschaften in latenter Form erhalten bleiben, um bei gegebener Gelegenheit wieder aufzutreten, so heißt das, daß die Desoxyribonukleinsäure nicht nur die Vererbbarkeit von manifesten Eigenschaften sichert, sondern auch die Möglichkeit bewahrt, daß Mutationen mit verlorengegangenen anzestralen Eigenschaften wieder auftreten. Die Häufigkeit und Richtung der Mutationen hängen von der Stabilität der DNS, von ihrer historischen Vergangenheit und von der Art der äußeren Einflüsse ab. Ein Mikroorganismus mit stabiler DNS wird selten Dissoziation oder andere Mutationen aufweisen.

Bestimmte äußere Einwirkungen, die wir als mutagene Faktoren bezeichnen, steigern die Labilität der DNS. Diese mutagenen Faktoren wirken gleichzeitig auf die Lebensfähigkeit der Mikroorganismen und hemmen die normale Vermehrung. Unter diesen Bedingungen treten filtrierbare Formen auf, aus denen durch Regeneration neue Bakterienindividuen mit oft neuen Eigenschaften hervorgehen. Diese müssen notwendigerweise adaptiver Natur sein, da andernfalls keine Regeneration erfolgen könnte.

Was den historischen Vorgang anlangt, der zur Entwicklung des Tuberkelbazillus geführt hat, so können wir folgende Hypothese aufstellen. Sicher waren die säurefesten Mykobakterien als Saprophyten einst, wie auch jetzt weit verbreitet auf der Erde. Aus ihnen sind einerseits die Tuberkelbazillen der Kaltblüter, anderseits die der Vögel entstanden, da letztere ihre Nahrung oft im Boden suchen, womit säurefeste Mykobakterien Gelegenheit hatten, in deren Verdauungstrakt einzudringen. Aus dem Vogeltuberkelbazillus ging der bovine Typus hervor bei Raubtieren, die Vögel als Beute verzehren. Im Menschen ist die Spezialisierung am weitesten gediehen, da der humane Typus für viele Säugetiere nicht mehr krankheitserregend ist. Vor etwa 100 Jahren erreichte der Tuberkelbazillus des Menschen den Höhepunkt seiner Entwicklung, da mit dem Kapitalismus Bedingungen für eine weltweite allerschwerste Durchseuchung der Menschen entstanden. Dank der derzeitigen Fortschritte der Wissenschaft und der Kultur sowie der Besserung der Lebensbedingungen unter einem Teil der Bevölkerung, insbesondere in den sozialistischen Ländern, geht die Herrschaft des Tuberkelbazillus zurück. Damit treten allerhand weniger angepaßte Mykobakterien als Krankheitserreger auf, die wenigstens teilweise wohl vom Tuberkelbazillus abstammen.

Literatur

Brieger, E. M., Miles, J., Cosslett, V. E., Horne, R. W.: Nature **168** (1951) 96.

Freerksen, E.: Klin. Wochenschr. **38** (1960) 297.

Gimpl, F., Weissfeiler, J.: Acta microbiol. Hungar. **9** (1962) 175.

Hauduroy, P.: Derniers aspects du monde des mycobactéries. Paris 1955.

Pollak, A., Buhler, V. B.: Am. Rev. Tuberc. **71** (1955) 74.

Rich, A. R.: Pathogenesis of tuberculosis. 1951.

Runyon, E. H.: Amer. Rev. Tuberc. **72** (1955) 866.

Topley and Wilson: Principles of Bacteriology and Immunity. 1955.

Weissfeiler, J., Morosowa, E.: Beitr. Klin. Tuberk. **86** (1935) 358.

Weissfeiler, J., Kalinina, L.: Zentralbl. Bakter. I. Abt. **135** (1936) 475.

Weissfeiler, J., Morosowa, E., Pésina, E.: Ann. Inst. Pasteur **59** (1937) 259.

Weissfeiler, J.: Mitteil. Ungar. Akad. Wissensch. Klasse Mediz. **10** (1959) 445 (ungarisch).

Weissfeiler, J., Karasseva, V.: Acta microbiol. Hung. **7** (1960) 77.

Weissfeiler, J.: Archiv biologitscheskich Nauk 1941, No. 3 (russisch).

Weissfeiler, J., Morosowa, E. N.: Problemi tuberkul. 1944, No. 5 (russisch).

Weissfeiler, J.: Problemi tuberkul. 1949, No. 6 (russisch).

Weissfeiler, J.: Žurnal mikrobiol. epid. immun. 1954 (russisch).

Aus der II. Medizinischen Universitäts-Klinik Budapest (Vorstand: Prof. Dr. P. Gömöri)

Redistribution und Shifting des Blutes im Dienste der Homoeostase des Kreislaufs

P. Gömöri, Budapest

Korrespondierendes Mitglied der Ungarischen Akademie der Wissenschaften

Zu den Bedingungen des Lebens gehört, daß alle Zellen des Organismus die erforderliche Menge Sauerstoff, Nährstoffe und gewisse humorale Wirkstoffe erhalten und daß die Stoffwechselprodukte aus den Zellen entfernt werden. Aufgabe des Kreislaufs ist die Verrichtung dieser lebenswichtigen Funktionen; die Aufrechterhaltung eines normalen Kreislaufs ist daher die grundlegende Voraussetzung der Lebensfunktion des Organismus; ohne tadellos funktionierenden Kreislauf wäre die Zellfunktion unvorstellbar. Wenn wir daher von der *Homoeostase* des Kreislaufs sprechen, so denken wir stets an das Postulat, daß die Zellen jederzeit die erforderliche Blutmenge erhalten müssen und daß die erforderliche, den jeweiligen Umständen angepaßte Blutmenge die Zellen erreicht.

Die Bedürfnisse der einzelnen Organe an Sauerstoff und an Nährstoffen sind recht verschieden und ändern sich auch mit der Arbeitsleistung. Diese Erkenntnis ist nicht neu, wir wissen bereits aus den Arbeiten von Krogh, daß im arbeitenden Muskel die Zahl der offenen Kapillaren viel größer ist als in ruhenden. Es ist ferner bekannt, daß der Organismus über Blutdepots verfügt; die Rolle der Milz hierbei ist seit *Barcroft* gut bekannt. Wir nehmen heute an, daß, wenn aus irgendeinem Grunde das Sauerstoffbedürfnis des Organismus größer wird, die Erhöhung des Minutenvolumens bzw. der arterio-venösen Sauerstoffdifferenz die Blut- und Sauerstoffversorgung der einzelnen Organe sichert. Sollte das nicht ausreichen, so kann unter anderem die Ausschüttung der Blutdepots dafür sorgen, daß die lebenswichtigen Organe die erforderliche Sauerstoff- und Nährstoffmenge erhalten. Die Entdeckung dieser Blutdepots war eigentlich der erste Schritt zur Erkenntnis der Redistribution oder, wie man in englischer Sprache sagt, der „shifting" des Blutes, da es sich im Prinzip um nichts anderes handelt, als daß das Blut von gewissen Kreislaufgebieten abgelenkt und anderen Gebieten zugeleitet wird, also ein *Shifting-Mechanismus* stattfindet.

In den letzten Jahren ist auf Grund der Arbeiten von Van Slyke (1948), Lauson und Mitarb. (1944), Merill (1946), Brod (1955), Fejfar (1961), Gömöri (1961) und Mitarb. der Begriff der Redistribution des Kreislaufs erweitert worden: bei der Regulation des Kreislaufs spielen nämlich nicht allein die Blutdepots eine Rolle, es kommt auch zu einer Redistribution anderer Art. Diese Auffassung nahm ihren Ausgang aus der Untersuchung der Haemodynamik des Schocks, der Exsikkose, der kardialen Dekompensation und der arteriellen Hypoxie. Es ergab sich, daß bei diesen Zuständen das Blut von gewissen parenchymatösen Organen in Richtung lebenswichtigerer Kreislaufgebiete abgelenkt wird. Als Folge dieser Beobachtungen begnügen wir uns heute in der Haemodynamik des Kreislaufs nicht mehr mit der Untersuchung des Blutdrucks und des Minutenvolumens, wir untersuchen darüber hinaus die *Verteilung des Minutenvolumens bzw. des zirkulierenden Blutes auf die einzelnen Organe*. In diesem Sinne begnügen wir uns nicht mit der Bestimmung der absoluten Blutmenge, welche die einzelnen Organe durchströmt, *wir bestimmen auch den prozentualen Anteil der Durchblutung der einzelnen Organe am jeweils mitbestimmten Minutenvolumen*. Wir haben uns allmählich daran gewöhnt, von Organfraktionen des Minutenvolumens zu sprechen, wobei die renale, kardiale, zerebrale usw. Fraktion den *Prozentsatz des Minutenvolumens* darstellt, der durch die betreffenden Organe fließt.

Es hat sich im Laufe dieser Untersuchungen ergeben, daß unter bestimmten Bedingungen die Durchblutung der Niere verringert wird, und zwar nicht allein in absoluter Menge, sondern es kann auch die renale Fraktion des Minutenvolumens kleiner werden. Gleichzeitig wurde festgestellt, daß die Kreislaufresistenz der Niere zunahm, was ein Zeichen der Vasokonstriktion ist. Diese Beobachtungen wurden beim Schock, bei kardialer Dekompensation, Dehydration und arterieller Hypoxie gemacht.

Die Einführung des Begriffs der Organfraktionen in die klinische Haemodynamik war von grundlegender Wichtigkeit, da ja z. B. die Verringerung der Nierendurchblutung bei oligämischen oder hypovolämischen Zuständen, also bei Schock, Hämorrhagie und Exsikkose allein auf die Abnahme des Minutenvolumens zurückgeführt werden könnte. Nach der modernen Konzeption handelt es sich aber nicht um die parallele Abnahme des Minutenvolumens und der Nierendurchblutung, sondern um eine aktive Gefäßkontraktion in der Niere, die zur Verringerung der Nierendurchblutung führt. Die Untersuchung der Nierendurchblutung führte bald zur Bestimmung des Koronar- und Hirnkreislaufs, wobei festgestellt werden konnte, daß in oligämischen und hypovolämischen, mit stagnierender Hypoxie einhergehenden Zuständen (Schock, Exsikkose, kardiale Dekompensation, arterielle Hypoxie, extreme Muskelarbeit) das Blut von der Niere abgeleitet und in Richtung von aktuell lebenswichtigeren Gebieten, dem Hirn und dem Herzen zugeleitet wird; mit anderen Worten, die renale Fraktion des Minutenvolumens wird verringert, die Zerebrale- und Koronarfraktion wird vergrößert.

Die erwähnten Untersuchungen haben früher und auch heute gewisse methodische Probleme aufgeworfen. Wir wissen aus Untersuchungen von SELKURT (1946) und von BÁLINT (1961), daß in oligurischen Zuständen die Clearancemethodik daher auch C_{PAH} zu niedrige und in gewissem Sinne falsche Werte ergibt. Wir verfügen aber heute auch über Methoden, die von der Diurese unabhängig und daher auch bei Oligurie anwendbar sind. Eine solche Methode ist das Fraktionierungsverfahren mit Hilfe radioaktiver Isotopen nach SAPIRSTEIN (1961), welches wir mit Rb^{86} anwenden. Mit Hilfe dieser Methode ist es möglich, die Kreislauffraktion aller Organe, mit Ausnahme des Hirns, gleichzeitig zu bestimmen; in Kenntnis des Minutenvolumens und des Blutdrucks kann die absolute Menge der Organdurchblutung sowie die Kreislaufresistenz der einzelnen Kreislaufgebiete berechnet werden. Der Nachteil der Methode liegt darin, daß das Tier getötet werden muß, so daß nur eine einmalige Bestimmung durchgeführt werden kann. Das Prinzip der Methode besteht darin, daß alle Zellen Rb^{86} proportional mit der Durchblutung aufnehmen, daher ist die Radioaktivität der einzelnen Organe als Maß der Durchblutungsgröße zu betrachten. Der Blutdruck wird auf blutigem Wege, das Minutenvolumen mittels Farbstoffdilution bestimmt. Wir haben mit dieser Methode recht gute Erfahrungen gemacht.

Untersuchungen auf meiner Klinik mit dieser Methode, die von TAKÁCS, KÁLLAY und SKOLNIK (1959) durchgeführt wurden, haben letzten Endes im *Prinzip* dasselbe ergeben, was schon früher mit Hilfe von C_{PAH} gefunden wurde (Abb. 1; nach TAKÁCS und Mitarb.). Bei hämorrhagischer Hypotonie und beim traumatischen und ischämischen Schock nimmt *die renale Fraktion des Minutenvolumens ab*, die Kreislaufresistenz der Niere steigt an, während gleichzeitig die *Koronarfraktion größer* wird und die Koronarresistenz abnimmt. Bei hämorrhagischer Hypotonie hat

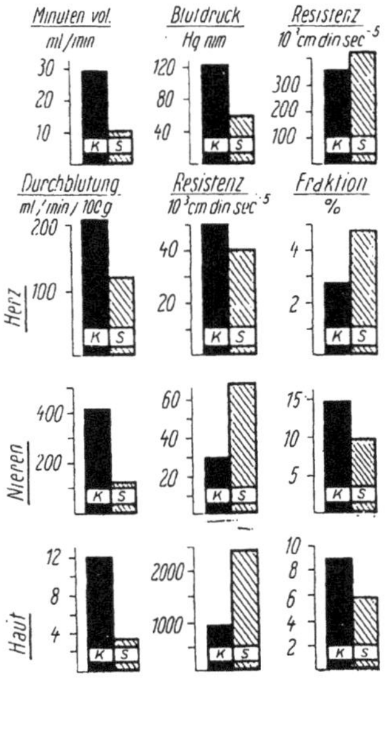

Abb. 1. Die oberste Reihe enthält Minutenvolumen, Blutdruck und totale periphere Resistenz der Versuchstiere, die unteren Reihen die absoluten Werte der Durchblutung des Herzens, der Niere und der Haut, den Kreislaufwiderstand sowie die entsprechenden Organfunktionen des Minutenvolumens. K = Kontrolle, S = Schock. Im Koronargebiet sinkt die Resistenz, die Koronarfraktion ist erhöht, während die Resistenz in der Niere erhöht ist und die Nierenfraktion abnimmt.

schon Sapirstein (1961) ähnliche Befunde erhoben. Diese Untersuchungen bestätigen daher, daß ein Shifting-Mechanismus von der Niere in Richtung zum Herzen besteht. Der Kreislauf der Haut verhält sich dabei wie der Kreislauf der Niere. Sapirstein konnte mit Hilfe einer Modifikation seiner Methode nachweisen, daß gleichzeitig die zerebrale Fraktion auch zunimmt. Unsere Ansichten über die mit Krypton 85 durchgeführten Untersuchungen haben wir bereits a. a. O. [Gömöri, Nagy (1961)] mitgeteilt.

Dieser Vorgang hat für die Niere ungünstige, für die Herzfunktion günstige Folgen. Es besteht heute Übereinstimmung, daß die Ursache der im traumatischen Schock und nach großen Blutverlusten beobachteten akuten Niereninsuffizienz die Kontraktion der Nierengefäße ist. Diese führt letzten Endes zu der schweren tubulären Nekrose, die wir aus den Arbeiten von Oliver (1951) gut kennen. Der Shifting-Mechanismus ist daher für die Niere höchst ungünstig und kann schwere Folgen haben. Anders liegen die Dinge beim Herzen. Wenn sich der Kreislauf verschlechtert, so kann der Sauerstoffbedarf des Organismus z. T. durch Erhöhung der Sauerstoffextraktion gedeckt werden, die arterio-venöse Sauerstoffdifferenz überschreitet den normalen Durchschnittswert von 4—5%. Beim Herzen ist jedoch eine Erhöhung der Sauerstoffextraktion nicht möglich, dort beträgt die arterio-venöse Sauerstoffdifferenz bereits unter normalen Verhältnissen 8—10%, so daß eine weitere Erhöhung nicht statthaft ist. Der Sauerstoffbedarf des Herzens kann daher allein durch Erhöhung der Koronardurchblutung gedeckt werden, und diese wird eben durch den Shifting-Mechanismus ermöglicht [Gömöri und Mitarb. (1954—1959)].

Die Untersuchung des Nierenkreislaufs mit Hilfe der direkten Methode hat auch noch zu anderen Ergebnissen geführt. Die direkte Methode besteht darin, daß die Nierenvene mit Hilfe einer Kanüle mit der Jugularis verbunden wird; durch eine Abzweigung dieser Kanüle kann das venöse Blut der Niere jederzeit gemessen werden. Mit Hilfe dieser direkten Methode konnte die Abnahme der renalen Fraktion sowie die Zunahme der Nierenresistenz *nicht* nachgewiesen werden (Bálint und Mitarb.). Zweifellos kann C_{PAH} bei Oligurie falsche Ergebnisse produzieren, das Isotopenverfahren ist jedoch von der Diurese unabhängig. Falls es daher zwischen der Isotopenmethode und der direkten Methode Differenzen gibt — und solche bestehen ohne Zweifel —, so können sie nicht auf die Diurese zurückgeführt werden. Bei der *direkten* Methode wird das venöse Blut der Niere gemessen ohne Rücksicht darauf, *welche Teile der Niere* das Blut passiert hat. Falls daher z. B. das Blut nicht oder nur zum Teil das Nierenparenchym passiert, sondern über sich öffnende Shunts abfließt, so ergibt die direkte Methode noch hohe Werte, während die Isotopenmethode, welche auf Extraktion beruht und daher von der Durchblutung des Nierenparenchyms abhängt, niedrigere Werte ergeben muß [Gömöri, Nagy, Jakab, Vajda (1961)]. Die Tatsache, daß bei Blutungshypotonie und Schock die direkte Methode höhere Werte gibt als die Isotopenmethode, läßt darauf schließen, daß in der Niere eine Ischämie des Parenchyms besteht und daß sich, wie bereits Trueta (1947) und auch seine Mitarbeiter gezeigt haben, gewisse Shunts öffnen.

Es erschien in hohem Grade wünschenswert, diese Annahme auch morphologisch zu bestätigen. Die Möglichkeit dazu ergab eine neue Methode meines Mitarbeiters Munkácsi (1957), die auf einem neuartigen Korrosionsverfahren mit PVC beruht.

Die in Narkose entfernte Niere wird über die Nierenarterie mit 5% Polyvinylchlorid aufgefüllt, gelöst in einem Gemisch von Zyklohexanon und Aceton, dann wird auf die übliche Weise ein Korrosionspräparat angefertigt. Die Anwendung der 5%-PVC-Lösung hat den großen Vorteil, daß sie infolge ihrer Viskosität die Kapillaren nicht überschreitet und die Venen daher nicht auffüllt, womit am Korrosionspräparat das arterielle System genau untersucht werden kann; die Methode eignet sich zum Nachweis von Shuntbildungen. Falls nämlich nach Anwendung der 5%-PVC-Lösung eine Füllung des venösen Systems eintritt, so ist dieser Befund nur durch retrograde Füllung auf dem Wege eröffneter Shunts zu erklären.

Untersuchungen dieser Art haben wir bisher bei traumatischem und Tourniquetschock sowie bei Hypoxie und bei Blutentzug durchgeführt [Gömöri u. Mitarb. (1962)]. Die Untersuchungen haben eindeutig gezeigt, daß in den Nieren schwere Füllungsdefekte bis zu 30—50% bestehen, die darauf beruhen, daß große Gebiete des arteriellen Systems nicht aufgefüllt werden. In einigen Fällen kommt es nicht zur Füllung der Glomerula, wahrscheinlich infolge Spasmus der Arteriolen. In anderen Fällen fanden wir neben arteriellen Defekten hochgradige Füllung der Venenstämme infolge der Öffnung arterio-venöser Anastomosen (Abb. 2, 3, 4, 5, 6, 7). Der morphologische Nachweis und die räumliche Darstellung dieser Anastomosen ist nicht leicht, es gelang uns aber die einwandfreie Darstellung jener morphologischen Gebilde, die als arterio-venöse Anastomosen betrachtet werden können (Abb. 8, 9, 10). Ich möchte ausdrücklich betonen, daß wir nicht allein die von TRUETA beschriebenen Shuntbildungen nachgewiesen haben, sondern auch Anastomosen an anderen Stellen der Niere, deren genauere Schilderung an dieser Stelle zu weit führen würde. All diese Untersuchungen beweisen daher auch auf morphologischem Wege, daß die Füllungsdefekte der Niere oft *fokaler* Natur sind, daher offenbar die Folge einer Vasokonstriktion sind; weiter beweisen sie, daß es in der Niere tatsächlich zu Shuntbildungen kommt. *Aus alledem läßt sich schließen, daß in den erwähnten hypovolämischen Zuständen sowie bei arterieller Hypoxie eine Vasokonstriktion in der Niere stattfindet; ein beträchtlicher Teil des Blutes umgeht durch arterio-venöse Anastomosen das Nierenparenchym und erreicht durch Shuntbildung die Nierenvene* (Näheres siehe bei GÖMÖRI u. Mitarb.).

Die Verringerung der Durchblutung des Nierenparenchyms erfolgt daher auf zwei verschiedenen Wegen: einerseits durch Vasokonstriktion, andererseits durch die sich öffnenden Shuntbildungen. Was letztere betrifft, so ist bekannt, daß jede arterio-venöse Anastomose größeren Umfanges den Anstieg des Minutenvolumens und die Beschleunigung des Kreislaufs verursacht, so daß die Blutversorgung der anderen Organe schon dadurch verbessert wird, im gegebenen Fall auf Kosten des Nierenparenchyms.

Die Frage der arterio-venösen Anastomosen in der Niere kann noch nicht als endgültig abgeschlossen betrachtet werden. Nach den ersten Mitteilungen von TRUETA wurden seine Befunde lebhaft diskutiert, und insbesondere in den Vereinigten Staaten wurde die Ansicht vertreten, daß das von TRUETA (1947) beschriebene Phänomen nicht oder nur beim Kaninchen reproduzierbar ist. Später haben seine Mitarbeiter das Phänomen auch beim Hund, bei der Katze, beim Affen nachgewiesen. Es wurde auch beanstandet, daß die Shuntbildung auf funktionellem Wege nicht nachgewiesen wurde: falls nämlich das Blut das Nierenparenchym umgeht, müßte eine Senkung der Extraktionsrate nachweisbar sein. Daß sie sich verringert, haben wir (GÖMÖRI, FÖLDI und SZABÓ) bereits 1948 nachgewiesen, und unsere neuen Untersuchungen bestätigen ebenfalls die Abnahme der renalen Extraktion von PAH und Inulin. Wir konnten ferner zeigen, daß der durchblutete Teil des Parenchyms intakte Tubuli besitzt. Der Quotient U/P war nicht verringert. In einigen Fällen sank die Sauerstoffextraktion bis auf 0%. Diese Untersuchungen sind noch nicht abgeschlossen; soviel können wir aber mit Sicherheit behaupten, daß die von uns erhaltenen Extraktionswerte das Vorliegen arteriovenöser Anastomosen und das Öffnen von Shunts wahrscheinlich machen.

In der letzten Zeit haben JIRKA und Mitarb. (1961) in Prag mit einer anderen Methode die Shuntbildung in der Niere nachgewiesen; sie erhielten höhere Durchblutungswerte mit Hilfe der direkten Methode bei der Schockniere als bei Anwendung einer speziellen angiographischen Methode. Neben den morphologischen Untersuchungen bestätigen daher auch die funktionellen Methoden das Vorliegen arterio-venöser Shunts in der Niere.

Im weiteren Verlauf unserer Untersuchungen wollen wir den genaueren *Mechanismus* des „shifting" untersuchen. Wir konnten bereits früher nachweisen, daß die Vasokonstriktion der Niere bei arterieller Hypoxie durch zentral-nervöse Regulation zustande kommt [GÖMÖRI u. Mitarb. (1960)]. So kommt es z. B. zur Kontraktion der Nierengefäße bei Versuchen mit gekreuztem Kreislauf, wo wir isoliert im Gehirn Hypoxie hervorrufen, obwohl im Blute des übrigen Körpers die Sauerstoffsättigung normal war. Die Kontraktion der Nierengefäße ist auch nach Adrenalektomie und Denervierung der Karotissinusse zustande gekommen, blieb aber aus, wenn die Niere denerviert oder vorher Dibenamin verabreicht wurde (Abb. 11). Es handelt sich daher um einen Impuls, der im Zentralnervensystem entsteht und hauptsächlich über sympathische Fasern die Niere erreicht.

Neben diesen früheren Untersuchungen werden zur Zeit an meiner Klinik systematische Untersuchungen der humoralen Faktoren durchgeführt, die bei diesem Mechanismus eine Rolle spielen können. Darüber kann ich Ihnen jetzt folgendes berichten: Es ist bekannt, daß das Angiotensin II, welches bereits synthetisch dargestellt wurde, die totale periphere Resistenz erhöht und gleichzeitig auch eine Vasokonstriktion der Nierengefäße verursacht. Wir haben mit Hilfe der Sapirsteinschen Methode die Wirkung von *Angiotensin II* (Hypertensin II Ciba) auf die einzelnen Organfraktionen der Ratte untersucht (Abb. 12). Wir kamen zu folgenden Ergebnissen: Der Blutdruck der Ratte wurde erhöht, das Minutenvolumen blieb unverändert. Auch wir fanden die *renale Fraktion* des Minutenvolumens *verringert*, überraschenderweise war jedoch die *Fraktion der Muskulatur* („Carcas“) *erhöht*, während die Fraktion der Haut durch Vasokonstriktion verringert war [Gömöri und Takács (1961)].

Diese Ergebnisse zeigen eine auffallende Ähnlichkeit mit den Resultaten, welche Brod (1960), Fencl (1960) und Mitarbeiter bei hypertonischen Patienten und nach „mental stress“ gefunden haben.

In diesem Zusammenhange müssen wir die Untersuchungen von Brod und Mitarb. über den Kreislauf der Hypertoniker näher besprechen. Sie konnten mit Hilfe der Plethysmographie sowie durch Messung der Hautzirkulation nachweisen, daß bei der essentiellen Hypertonie nicht allein die totale periphere Resistenz ansteigt und die renale Fraktion des Minutenvolumens abnimmt, sondern auch noch weitere hämodynamische Veränderungen eintreten. Es stellte sich heraus, daß die renale Resistenz stärker ansteigt als die totale periphere Resistenz und daß in der Niere, in der Haut und im Splanchnikusgebiet Vasokonstriktion erfolgt, die *Muskelgefäße dagegen waren erweitert*. Daraus folgt, daß die Resistenzerhöhung bei der Hypertoniekrankheit keinesfalls universell ist, die Vasokonstriktion ist in einzelnen Organen, wie z. B. in der Niere, besonders hochgradig, in der Muskulatur sind dagegen die Gefäße erweitert. Im Gegensatz zu den Befunden bei essentieller Hypertonie fanden Brod und Mitarb., daß bei *renaler* Hypertonie auch die Durchblutung der Muskulatur verringert wird: es bestehen daher auch hämodynamische Differenzen zwischen essentieller und renaler Hypertonie.

Eine weitere wichtige Erkenntnis dieser Untersuchungen war der Nachweis, daß *geistige Überanstrengung* (Lösung schwerer mathematischer Aufgaben) und *schwere Muskelarbeit* die Redistribution des Blutes im selben Sinne ändern wie die essentielle Hypertonie.

Wenn wir die eingangs besprochenen Veränderungen bei hypovolämischen, oligämischen und hypoxischen Zuständen mit den Werten vergleichen, die Brod und auch wir nach Angiotensin gefunden haben, so können wir *zwei Typen des Shifting-Mechanismus unterscheiden:* Bei besonders schweren Schockzuständen erfolgt eine maximale Reaktion: in der Mehrzahl der Organe, vor allem in der Niere, der Haut und Muskulatur kommt es zu Vasokonstriktion, nur Herz und Gehirn bilden eine Ausnahme. Das zirkulierende Blut wird in diesen Fällen von den anderen Kreislaufgebieten in Richtung auf Herz und Gehirn abgelenkt. Es hat den Anschein, als ob bei der bestehenden schweren Hypoxie vor allem die Funktion des Herzens und Gehirns durch die Redistribution des Kreislaufs geschützt werden sollen. Neben dieser maximalen Reaktion gibt es einen zweiten Typus, bei welchem gleichzeitig mit dem Absinken der renalen Fraktion des Minutenvolumens die Muskelfraktion erhöht wird. Möglicherweise handelt es sich um solche Zustände, bei welchen der tierische Organismus auf die Funktionstüchtigkeit der Muskulatur angewiesen ist. Das bedeutet natürlich eine weitere Belastung für das Herz; es sei nochmals an die Befunde von Brod und Mitarb. (1959) erinnert, wonach schwere Muskelarbeit und geistige Überanstrengung zum selben Typus der Blutredistribution führen wie die essentielle Hypertonie. Denselben Typus fanden Takács und Mitarb. (1959) bei noch reversibler hämorrhagischer Hypotonie. Gerova und Gero (1961) fanden erhöhte Femo-

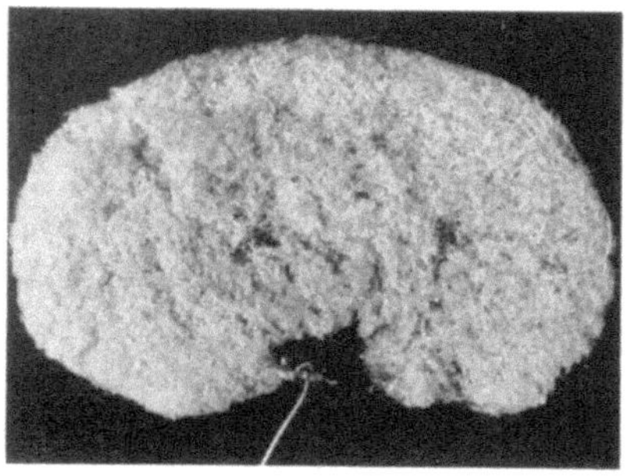

Abb. 2. Korrosionspräparat. Normales makroskopisches Bild einer Hundeniere

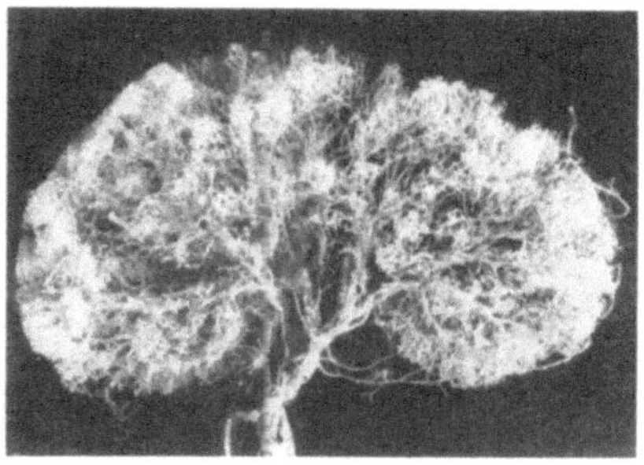

Abb. 3. Korrosionspräparat einer Hundeniere bei Schock. Ungleichmäßige Füllung

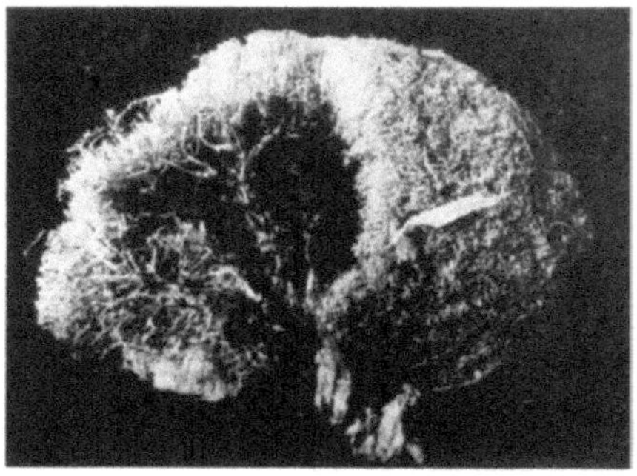

Abb. 4. Korrosionspräparat einer Hundeniere bei Exsikkose. Füllungsdefekt von 1/3

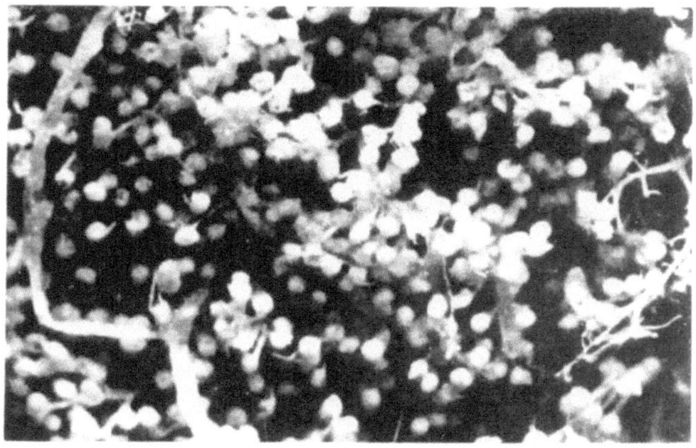

Abb. 5. Mikroskopische Aufnahme eines Korrosionspräparates einer normalen Hundeniere. Die Glomerula sind gut sichtbar

Abb. 6. Dasselbe bei stärkerer Vergrößerung. Die Glomerula sind gut sichtbar, die Vasa efferentia zeigen nur geringe Füllung, die visköse Masse passiert kaum die Glomerula

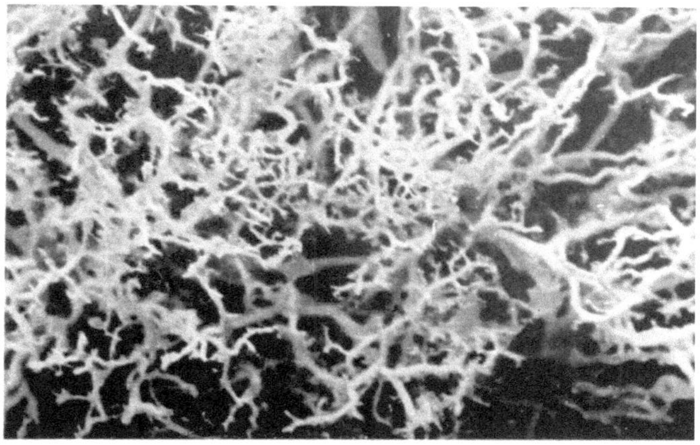

Abb. 7. Mikroskopisches Bild einer Hundeniere bei Exsikkose. Keine Füllung der Glomerula infolge Spasmus der Arteriolen

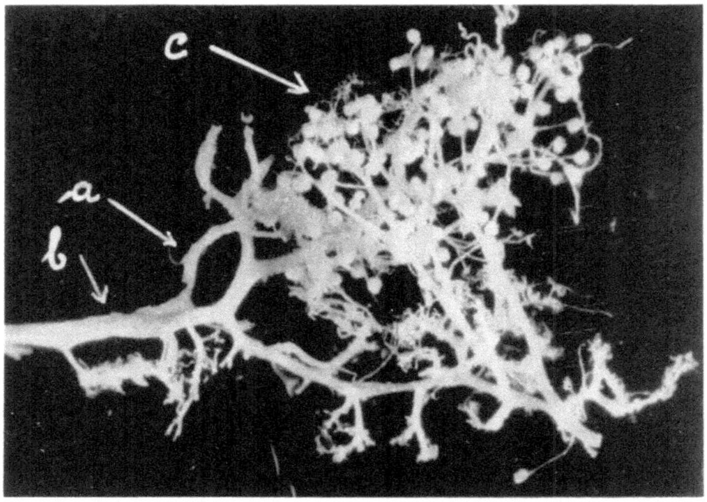

Abb. 8. a = arteriovenöse Kommunikation; b = venöses Gebiet; c = arterielles Gebiet

Abb. 9. Korrosionspräparat von Hundeniere. Juxtamedulläres Glomerulum

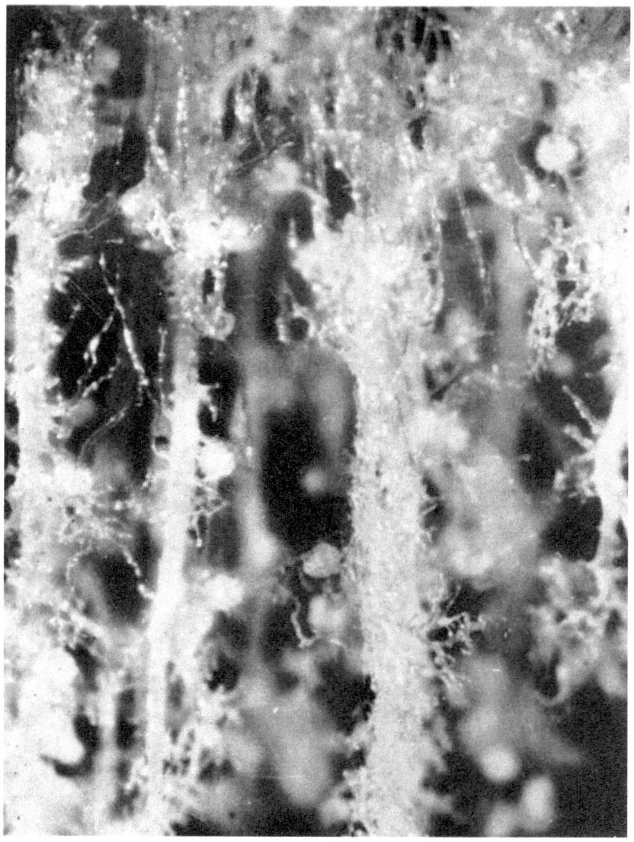

Abb. 10. Korrosionspräparat von Hundeniere. Paravenöse Glomerula. Die großen Stämme sind Venen, die Glomerula führen unmittelbar in diese Gefäße und bilden dadurch arterio-venöse Shunts

ralisdurchblutung auf schmerzhafte Reize. Neuerdings fanden TAKÁCS und Mitarb. denselben Typus der Redistribution nach Darreichung von *Serotonin*; nach größeren Dosen von *Vasopressin* kam es nur in der Haut zu einer Vasokonstriktion. *Aldosteron* hat keine Wirkung auf die Redistribution des Blutes (GÖMÖRI, TAKÁCS). Unsere Untersuchungen mit Adrenalin sind im Gange (Abb. 12).

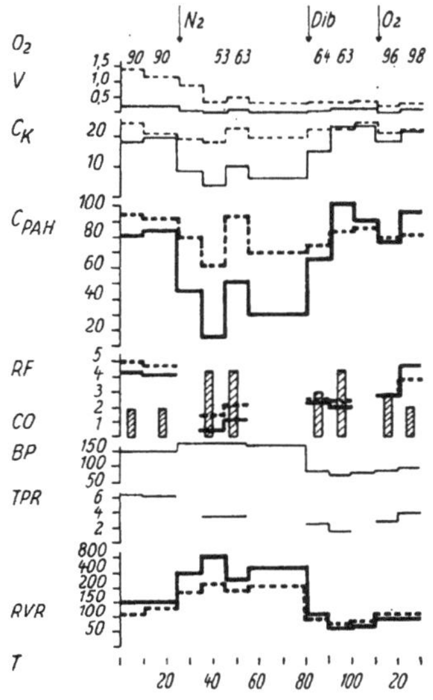

Abb. 11. Hundeniere. Die gerade Linie zeigt die rechtsseitige innervierte, die gestrichelte Linie die linksseitige denervierte Niere

In der obersten Reihe (O_2) ist die Sauerstoffsättigung des arteriellen Blutes dargestellt

In der Periode der Hypoxie kommt es bei der innervierten Niere zum Sinken von C_k, C_{PAH} und der renalen Fraktion des Minutenvolumens, gleichzeitig erhöht sich die Resistenz der Nierengefäße. Der Effekt an der denervierten Niere ist wesentlich kleiner. Nach Verabreichung von Dibenamin werden die Werte der innervierten Niere mit den Werten der denervierten Niere identisch. Es ist ersichtlich, daß die Impulse die Niere über sympathische Fasern erreichen

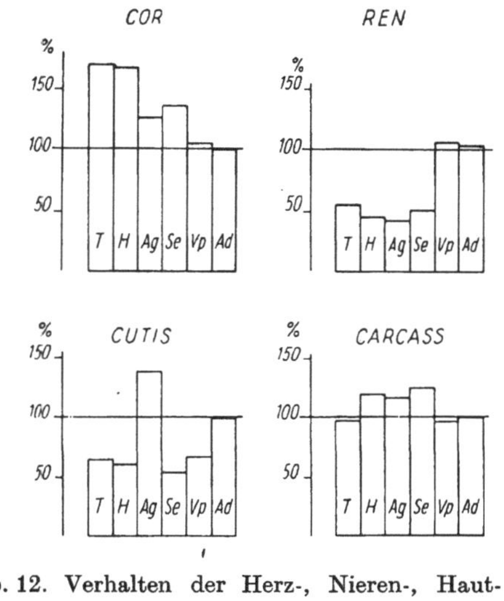

Abb. 12. Verhalten der Herz-, Nieren-, Haut- und Muskelfraktionen des Minutenvolumens. (Die Fraktion des „carcass" bezieht sich hauptsächlich auf die Rumpfmuskulatur.) Die normalen Durchschnittswerte werden mit 100 bezeichnet

Bei Tourniquet-Schock (T) und Blutentzug (H) wird die Koronarfraktion des Minutenvolumens stark erhöht, gleichzeitig sinken die Nieren- und Hautfraktionen. Die Muskelfraktion ist bei Blutentzug erhöht, in Tourniquet-Schock unverändert. Nach Angiotensin (Ag) wird die Koronarfraktion erhöht, die Nierenfraktion erniedrigt, die Haut- und Muskelfraktionen sind ebenfalls erhöht. Serotonin (Se) wirkt ähnlich, nur ist die Hautfraktion verringert. Nach Vasopressin (Vp) sinkt allein die Hautfraktion, nach Aldosteron (Ad) ändert sich die Distribution des Blutes nicht

Alle diese Beobachtungen sprechen dafür, daß es zwei Arten von Shifting-Mechanismen gibt. Beim ersten, totalen Typus wird das Blut allein in Richtung des Herzens und des Hirns abgeleitet, beim zweiten Typus erhält auch die Muskulatur mehr Blut durch die Redistribution. Es scheint daher zwei verschiedene Reflexmechanismen zu geben; der eine tritt bei Kreislaufkatastrophen und bei Anoxie ein, der zweite dann, wenn erhöhte Reaktion und Bewegungsfähigkeit erforderlich sind. Im letzteren Fall erhält auch die Muskulatur verhältnismäßig mehr Blut. Die Hypertoniekrankheit wäre ein solcher ständiger und fixierter Zustand der Bereitschaft und des Stress.

Bei diesem zweiten Typus der Redistribution dürfte das Angiotensin (und Serotonin?) eine Rolle spielen, es ist aber möglich, daß das System Renin-Angiotensin in allen solchen Zuständen aktiviert wird. In diesem Sinne spricht die morphologisch nachweisbare Aktivierung des juxtaglomerulären Apparates, die in letzter Zeit wiederholt nachgewiesen wurde (z. B. ENDES und Mitarb. beim Schock (1960)]. Möglicherweise spielt dabei das ACTH eine Rolle, es würde sich also um einen Stress-Mechanismus im alten Sinne handeln.

Die Aufrechterhaltung der Homoeostase des Kreislaufs erfolgt nach dem bisher Gesagten durch Tonusänderungen der Gefäße; diese Änderungen haben in verschiedenen Gefäßgebieten eine entgegengesetzte Richtung, in gewissen Organen erfolgt Vasokonstriktion, in anderen Kreislaufgebieten absolute oder relative Gefäßerweiterung. Darauf beruht der Mechanismus der Kreislaufredistribution und des shifting. Um aber eine tadellose Zirkulation zu ermöglichen, ist *eine ausreichend zirkulierende Blutmenge erforderlich*, es darf keine Inkongruenz zwischen der

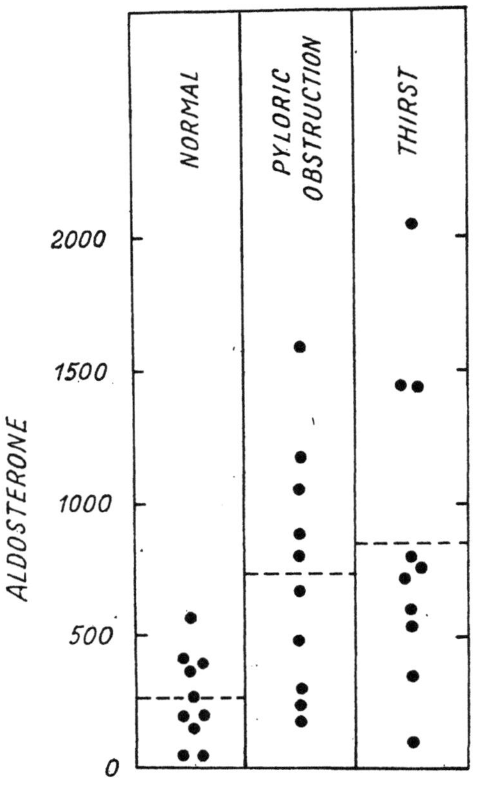

Abb. 13.
Die 1. Säule zeigt die normalen Aldosteronwerte in μg/St/g Nebennierengewicht/kg Körpergewicht Die 2. Säule zeigt die Werte nach Abbindung des Pylorus, in Exsikkose. Die 3. Säule zeigt die Werte im Durstversuch. (Nach Gömöri und Mitarb., 1960)

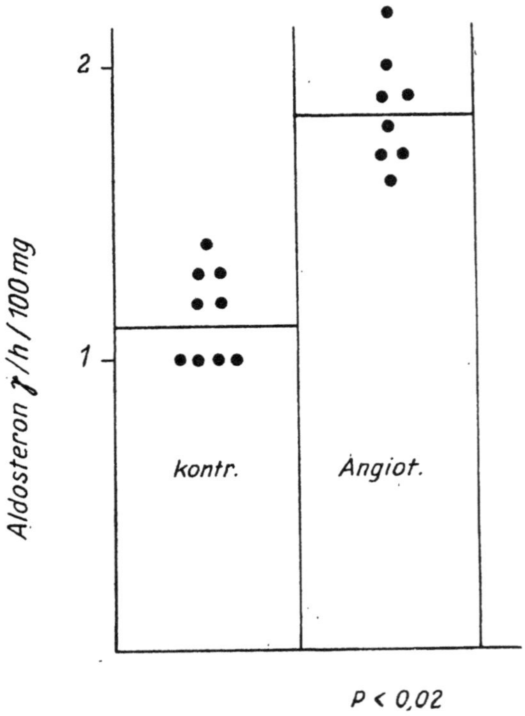

Abb. 14. 1. Säule: Kontrolltiere
2. Säule: Zunahme der Aldosteronsekretion nach Angiotensin

Kapazität der Gefäße und der Blutmenge bestehen. Zur Aufrechterhaltung des Kreislaufs genügt es nicht, einen gewissen Gefäßtonus zu sichern, wir müssen in solchen Zuständen auch dafür sorgen, daß die Menge des zirkulierenden Blutes möglichst maximal erhalten bleibt. Es ist bekannt, daß Aldosteron die Retention von Natrium und sekundär auch von Wasser bewirkt. Wir wissen heute, daß in schweren hypovolämischen Zuständen, wie bei Exsikkose [Gömöri und Mitarb. (1960), Abb. 13] bei hämorrhagischer Hypotonie [Farrel und Mitarb. (1956)] die Aldosteronbildung erhöht wird. Nach den neuesten Untersuchungen (Abb. 14) von Gláz wird die Aldosteronproduktion auch durch Angiotensin II erhöht, doch hat Aldosteron selbst keine Wirkung auf die Redistribution, so daß man annehmen kann, daß die Angiotensinwirkung nicht durch Aldosteron hervorgerufen wird (GÖMÖRI, TAKÁCS). Da, wie bekannt, bei hypovolämischen Zuständen eine erhöhte Aldosteronsekretion besteht, müssen wir schließen, daß die Aufrechterhaltung der Homoeostase des Kreislaufs auf zwei Wegen erfolgt. Der eine Weg ist die Redistribution und shifting auf dem Wege einer Reaktion der Vasomotoren, der andere Weg besteht in der Aktivierung des Aldosteronmechanismus, der durch Natrium- bzw. Wasserretention die Homoeostase des Plasmavolumens ermöglicht.

Es geht aus dem bisher Gesagten eindeutig hervor, daß die Verteilung des zirkulierenden Blutes auf die einzelnen Kreislaufgebiete in der beschriebenen Weise verändert wird. An der Existenz eines „Shifting"-Mechanismus ist daher nicht zu zweifeln. Ich möchte aber mit Nachdruck betonen, daß es *nicht richtig* wäre, in *jedem Fall* eine Änderung der Blutverteilung anzunehmen. Zweifellos gibt es sowohl in der humanen Pathologie wie auch im Tierversuch Fälle, bei denen dieser Mechanismus nicht eintritt. An sich ist das nicht überraschend, da die pathologischen Reaktionen nicht so streng gesetzmäßig verlaufen wie die physiologischen Vorgänge; es ist allgemein bekannt, daß unter pathologischen Bedingungen gewisse Symptome auch fehlen können. Das bezieht sich auch auf die Redistribution. Es scheint auch Unterschiede zwischen verschiedenen Tierspezies zu geben, so sinkt z. B. als Folge der Hypoxie die Kreislaufresistenz der Niere bei Albinoratten, bei unveränderter renaler Fraktion des Minutenvolumens und leichter Abnahme der Koronarienfraktion; beim Hund dagegen kommt es unter denselben Bedingungen zu ausgesprochener Abnahme der Nierenfraktion und Zunahme der Herzfraktion [TAKÁCS (1961), TAKÁCS, KÁLLAY]. Diese Differenzen sind natürlich kein Argument gegen das Prinzip der Redistribution.

Zusammenfassend kommen wir zur Schlußfolgerung, daß die Aufrechterhaltung der Homoeostase des Kreislaufs die Folge komplizierter Regulationen ist. Der eine Faktor dieser Regulation ist die *Redistribution des Blutes* nach den jeweiligen Bedürfnissen der einzelnen Organe. Dabei unterscheiden wir zwei Reaktionstypen: bei schweren Kreislaufkatastrophen wird das Blut von *allen* anderen Gefäßgebieten *zum Herzen und Gehirn* abgelenkt. Beim zweiten Typus erhält durch die Redistribution nicht nur das Herz, sondern auch die *Muskulatur* mehr Blut. Die Regulation dieser Vasomotoren-Reaktionen erfolgt auf zentralnervösem Wege, daneben spielt der humorale Mechanismus durch Renin-Angiotensin offenbar auch eine Rolle.

Den ersten Typus können wir als oligämisch-hypovolämischen Zustand bezeichnen, den zweiten Typus als Bereitschaftszustand; beim ersten Typus können wir von oligämisch-hypovolämischer Reaktion, beim zweiten Typus von Bereitschafts- oder Alarmreaktion sprechen. Bei der Aufrechterhaltung der Kreislaufhomoeostase spielt die Regulation der zirkulierenden Blutmenge ebenfalls eine große Rolle; diese erfolgt vor allem durch die Sekretion von Aldosteron, welche daher bei der Regulation der Kreislaufhomoeostase von Wichtigkeit ist.

Literatur

zit. BÁLINT, P.: Akt. Probleme der Nierenphysiologie. Volk und Gesundheit, Berlin (1961).

BROD, J.: Lancet (1960) 773; BROD, J., FENCL, V., HEJL, J., JIRKA, J.: Clin. Sci. (1959) **18** 269.

BROD, J., FEJFAR, Z.: Schweiz. med. Wschr. **85** (1955) 84.

DANIEL, P. M., PEABODY, C. N., PRICHARD, M. M. L.: Quart. J. exp. Physiol. (1952) **37** 11; cit. Visceral Circulation, Ciba Symp. London, Churchill (1952) 61.

ENDES, P., SIMÁRSZKY: Magyar Belgyógyász Kongresszus (1960).

FARREL, G. L.: Circ. Res. **4** (1956) 606.

FEJFAR, Z., FEJFÁROVÁ, M.: Hämodynamische Veränderungen bei Kreislaufstörungen. Volk und Gesundheit, Berlin (1961).

FENCL, V., HEJL, Z., JIRKA, J., BROD, J.: Cor et Vasa **2** (1960) 106.

GEROVA, M., GERO, J.: Cor et Vasa **3** (1961) 141.

GLÁZ, E.: J. Endocr. **24** (1962) 299.

Gömöri, P.: Z. ärztl. Fortbild. **48** (1954) 1; Gömöri, P.: Ärztl. Forsch. I, **13** (1959) 322; Gömöri, P., Takács, L.: Z. ärztl. Fortbild. **50** (1956) 286; Gömöri, P., Kállay, K.: Z. ärztl. Fortb. **49** (1955) 605; Gömöri, P., Takács, L.: Amer. Heart J. **59** (1960) 161; Gömöri, P., Nagy, Z.: Z. ärztl. Fortb. **55** (1961) 884.

Gömöri, P., Takács, L.: Arch. Pharm. et Therap. **138** (1962) 254.

Gömöri, P., Takács, L.: (im Druck).

Gömöri, P., Földi, M., Szabó, Gy.: Experientia **4** (1948) 278; Acta med. Hung. **17** (1961) 99.

Gömöri, P., Gláz, E., Suhanyeczky, A., Csapó, G.: Lancet (1960) 259.

Gömöri, P., Nagy, Z., Jakab, J., Vajda, V.: Acta physiol. Hung. **19** (1961) 79; **20** (1962) 379.

Gömöri, P., Kovách, A. G. B., Takács, L., Földi, M., Szabó, G., Nagy, Z., Wiltner, W.: Acta med. Hung. **16** (1960) 37, 43, 93.

Gömöri, P., Munkácsi, I., Nagy, Z., Takács, L., Kállay, K.: Acta med. Hung. **18** (1962) 119; MTA V. Oszt. Közl. (ungarisch) **11** (1960) 41.

Jirka, J., Ganz, V., Fencl, V., Cort, J. H., Travnicel, R.: Lancet (1961) Nr. 7204, 692.

Lauson, H. D., Bradley, J. E., Cournand, H.: J. clin. Invest. (1944) **23** 381.

Merrill, A. J.: J. clin. Invest. **25** (1946) 389.

Munkácsi, I.: Z. wiss. Mikr. Technik **63** (1957) 352.

Oliver, J., MacDowell, M., Tracy, A.: J. clin. Invest. **30** (1951) 1305.

Sapirstein, L. A., Sapirstein, E. H., Bredemeyer, E.: Circulation Res. 8 (1961) 135.

Selkurt, E. E.: Amer. J. Physiol. **145** (1946) 376; **145** (1946) 699.

Van Slyke, D. D.: Ann. int. Med. 28 (1948) 701; Am. J. Physiol. **145** (1945) 314.

Takács, L.: (im Druck).

Takács, L.: Shoc, Ciba Symp., Stockholm (1961), Springer-Verlag Berlin-Göttingen-Heidelberg **195—199** (1962).

Takács, L., Kállay, K.: Acta Physiol. Hung. (im Druck).

Takács, L., Kállay, K., Skolnik, J.: Acta med. Hung. **14** (1959) 457; Circulation Res. (1962) (im Druck).

Trueta, J., Barclay, A. E., Daniel, P., Franklin, K. J., Prichard, M.: Studies of the renal circulation, Oxford (1947).